대한건축학회 학생작품전
2021 수상작품

2021 AIK Student Architectural Exhibition

대한건축학회
THE ARCHITECTURAL INSTITUTE OF KOREA

발 간 사

2021 학생작품전 수상작품집 발간을 무척 기쁘게 생각합니다. 1998년 시작되어 그 전통성을 이어가며 올해로 24년째를 맞이한 학생작품전은 국내 각 대학에서 우수설계로 선정되어 지도교수의 추천을 받은 학부 졸업예정자와 대학원생들이 작품을 출품하는 공모전입니다. 이미 각 대학에서 우수성을 평가받은 작품만이 제출 가능하다는 점에서 공모전의 수준이 상당히 높다는 것을 알 수 있습니다. 이번 학생작품전에서도 대학에서 배운 지식을 바탕으로 다양한 주제의 건축공간을 아름답게 표현한 설계안들이 제시되어 우리나라 건축설계교육의 훌륭한 성과를 확인할 수 있었습니다.

출품된 작품 중 건축대전위원회, 학생작품전분과위원회의 예비심사와 본심사를 통해 수상작품을 선정하였으며, 대상에는 문화체육관광부장관상을, 최우수상과 우수상에는 대한건축학회장상을 수여하였습니다. 수상자들의 영광스러운 수상을 축하하고, 이번 학생작품전을 계기로 미래 건축설계분야에서 왕성한 활동을 펼쳐나가는 건축인이 되기를 기대합니다. 또한 우리 학회에서 발간하는 수상작품집이 우리나라 대학의 건축설계교육을 위한 소중한 자료로 축적되어 건축분야 후학들이 유용하게 활용하길 기대합니다. 본 작품집에 수록된 작품들은 홈페이지를 통한 온라인 전시뿐만 아니라, 2021 추계학술발표대회 개최 장소인 여수엑스포컨벤션센터에서 전시되었습니다.

이번 학생작품전에 참여한 모든 학생들과 지도교수님들의 노고에 깊이 감사드리며, 올해도 대상 수상자 상금을 기부해주신 이우동님과 2021 학생작품전의 성공적인 개최와 작품집 발간에 힘써주신 건축대전위원회, 학생작품전분과위원회 이경선 위원장을 비롯한 위원 여러분과 도서출판 기문당 강해작 사장님께 감사의 마음을 전합니다.

2021년 11월

대한건축학회 회장 강부성

심 사 평

2021 학생작품전 대상작으로 선정된 부산대학교 건축학과 이연주 학생의 <A Creative Social Mix Passage - 창의커뮤니티시설의 가로화>는 자칫하면 난개발로 인해 정체성을 잃을 수 있는 북항의 장소성을 강화시키고 지역을 활성화하기 위한 새로운 창의가로공간을 제안한 작품으로 심사위원들의 만장일치로 대상에 선정되었습니다.

본 작품은 북항의 역동적인 풍경을 형성하는 구조물인 자성대 부두의 오래된 크레인에 대해 북항의 풍경을 기억할 수 있는 기억의 요소로써 가능성을 발견하고 적극적으로 활용한 점이 인상적이었습니다. 이를 시민들이 일상에서 편히 이용할 수 있는, 공공을 위한 공간을 프로그램으로 제안하고 북항의 '역동적인 흐름'을 '일상적인 공간'으로 재해석하였습니다. 도시분석을 통해 기존 트랜스퍼 크레인 흐름을 재현한 '창의 가로', '휴식 가로', '녹지축 연장가로', 컨테이너 크레인의 흐름을 이용한 '크레인가로'를 제안하고 창조커뮤니티시설공간의 프로그램과 주거, 상업, 문화, 업무공간의 다양한 복합프로그램들을 배치시켰습니다. 건물과 가로와의 경계를 없애줌으로써 건물 내·외부 공간들에서는 이용자들의 소통과 다양한 활동들이 일어나면서 가로는 활성화됩니다.

본 학생의 작품을 심사하면서 북항 창의가로공간이 적용된 거리를 거니는 즐거운 상상을 해보게 되었으며, 실질적으로 이러한 아이디어가 실질적으로 구현될 수 있다면 부산의 또 다른 명소가 되지 않을까 하는 생각도 하였습니다. 심사위원단은 경제적 논리만으로 무차별적인 난개발이 이루어짐으로써 우리의 기억 속에서 사라져 가는 수많은 지역의 장소성에 대한 생각을 학생의 작품을 통해 보게 되었습니다. 이에 장소에 대한 기억을 살리고 동시에 사회, 경제, 환경을 고려한 지속 가능한 개발에 대한 심도 있는 고민과 이를 해결하기 위한 도시적, 건축적 제안이 탁월하게 반영된 이연주 학생의 <A Creative Social Mix Passage - 창의커뮤니티시설의 가로화>를 2021년 학생작품전 대상으로 선정하였습니다.

2021년 11월

심사위원장 이경선

CONTENTS

A Creative Social Mix Passage
- 창의커뮤니티시설의 가로화

[부산대학교 건축학과 5학년 이 연 주]

현재 진행되고 있는 북항 재개발 사업은 무분별한 난개발 논란에 휩싸였다. 부산의 줄어드는 일자리와 인구수 문제, 이를 해결하기 위한 재개발이다. 하지만 초고층 생활숙박시설 조성으로 공공성보다는 상업성이 강조되고 있는 실태이며 부산시민들의 비판을 받고 있다. 북항은 시민들이 일상에서 편히 이용할 수 있는 공공을 위한 공간이 되어야 한다. 동시에 일자리 창출을 통해 사람을 부산으로 끌어들일 수 있어야 한다. 무엇보다 중요한 건 재개발로 인해 북항의 정체성을 잃지 않아야 한다. 본인이 북항에서 주목했던 것은 자성대 부두의 오래된 크레인이다. 이는 북항의 역동적인 풍경을 형성하는 구조물인 동시에 크레인이 움직이는 바닥 레일은 물류의 이동패턴으로 인식되면서 독특한 터무늬를 형성하고 있다. 이들이 북항의 풍경을 기억할 수 있는 기억의 요소로서의 가능성을 가지고 있음을 확신했고, 북항의 '역동적인 흐름'을 어떻게 '일상적인 공간'으로 재해석할 수 있을지에 대해 고민했다.

[박은정 교수]

'경계의 건축'이라는 주제로 진행된 건축설계 스튜디오는 '부산 북항 2단계 항만 재개발 프로젝트'를 새로운 시선으로 접근하고 다양한 대안 제시를 목표로 하였다. 북항은 도심항만의 기능이 쇠퇴하면서 재개발 프로젝트를 통해 새로운 접근을 하고 있다. 대규모 개발사업에서의 '공공성' 문제, 원도심 등 기존 도시요소들과의 관계에 대한 고민과 함께 미래도시 부산에서 수변공간과 항만의 역할 등을 고려할 때 바다와 도시의 새로운 경계로서의 가능성과 지속가능성에 주목하였다. 학생은 건물과 가로 간의 경계를 모호하게 만들어 다양한 활동이 가능한 '창의커뮤니티시설의 가로화'를 제안하였다. 북항의 크레인을 활용하여 역동적인 흐름의 축을 재정비하고, 4개의 큰 매스를 구성하여 창의가로, 휴식가로, 녹지축 연장가로, 크레인 가로를 계획하였다. 창의 가로의 가변적 작업공간, 원도심의 녹지축을 연장하고 다양한 스케일로 중첩되는 전시공간들과 크레인 가로의 다양한 목욕탕들은 물리적인 경계를 넘어 바다와 도시의 관계를 투영시키고, 이를 통해 창의성을 증진시키려는 학생의 노력이 잘 드러난다. 특히 열린 경계로서 건축의 역할을 통해 지속가능한 경계의 건축을 제시했다는 점이 주목할 만하다.

A Creative Social Mix Passage

– 창의커뮤니티시설의 가로화 –

과거 북항의 크레인을 이용하여 건물과 가로간의 경계를 흐린 창의커뮤니티시설

현재 진행되고 있는 북항 재개발 사업은 무분별한 난개발 논란에 휩싸였다. 초고층 생활숙박시설 조성으로 공공성보다는 상업성이 강조되고 있는 실태이다. 북항은 시민들이 일상에서 편히 이용할 수 있는, '공공을 위한 공간' 이 되어야 한다. 동시에 일자리 창출을 통해 사람을 부산으로 끌어들일 수 있어야 한다. 무엇보다 중요한 건, 재개발로 인해 북항의 정체성을 잃지 않아야 한다.

내가 북항에서 주목했던 것은 자성대 부두의 오래된 크레인이다. 이는 북항의 역동적인 풍경을 형성하는 구조물인 동시에, 크레인이 움직이는 바닥 레일은 물류의 이동패턴으로 인식되면서 독특한 터무늬를 형성하고 있다. 이들이 북항의 풍경을 기억할 수 있는 기억의 요소로서의 가능성을 가지고 있음을 확신했고, 북항의 '역동적인 흐름' 을 어떻게 '일상적인 공간' 으로 재해석할 수 있을지에 대해 고민했다.

FLOOR PLAN SCALE 1/800

3F PLAN

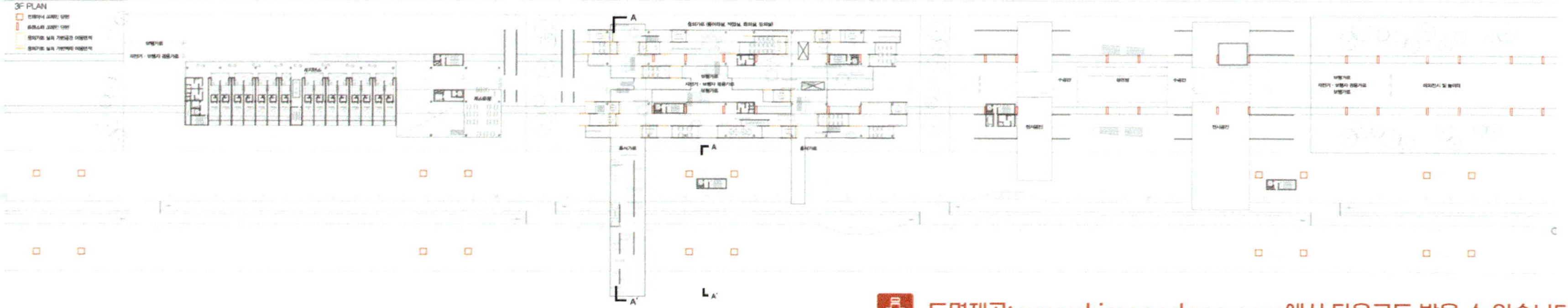

도면제공: www.kimoondang.com에서 다운로드 받을 수 있습니다.

SITE ANALYSIS

부산의 창의시설, 건물과 가로간의 경계

'배산임해' 라는 부산의 지리적 특성 때문에 도심이 평지를 따라 길게 이어져 있어
도로 교통이 혼잡하며, 이로 인해 가로 경관에 문제가 생기고 있다.

문제되는 가로 경관

[차를 위한 중앙대로 가로 경관]

[담장으로 둘러싸인 학교 주변]

[잠깐 서 있기도 힘든 업무시설 주변]

'경계의 모호성'이 특징이 된 현대사회에서, 아직도 학교와 기업 등 창의시설은 폐쇄적이다.
건물과 가로간의 경계 때문에 가로는 그저 빨리 지나가는 수단이 되어버렸고,
지금의 개인주의적 편안함이 창조사회의 소통을 막고 있다.
건물과 가로의 경계를 없애고 일상에서 편히 이용할 수 있는
'새로운 21세기형 창의 가로 공간'이 북항에 만들어진다면?

CONCEPT

창의커뮤니티시설의 '건물과 가로간의 경계'를 풀어주는 해결책으로서
과거 북항 크레인의 '역동적인 흐름 축'들을 건물 내외부로 가로화한다.
이로써 북항이 건물이기도 가로이기도 한 공간 으로 사람들과 마주하길 바란다.

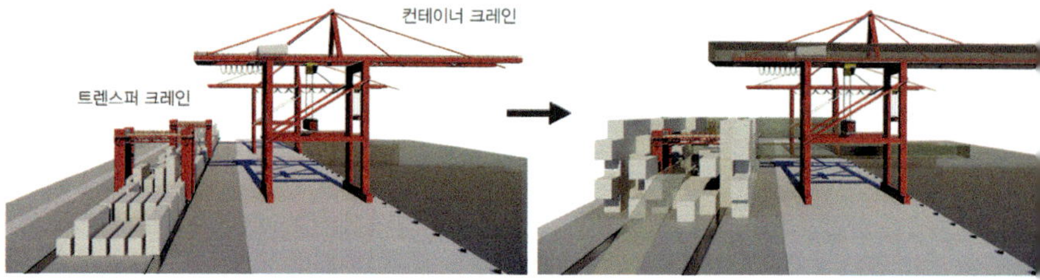

가로가 차만 다니는 공간, 사람이 이동하는 공간으로서만 사용되는 것이 아니라
다양한 활동이 일어나는 것을 목표로 한다. 그것이 다시 건물 내부에서도 그대로 이어져,
사람들에게 북항이 오고 싶은, 편히 걸을 수 있는 공간을 제공한다.

PROGRAM

프로그램은 창조커뮤니티시설들이 모여 다양한 연령층들 간의 자유로운 아이디어 교환시장에서 경쟁하
협력하는 공간을 제안한다. 창의가로에는 학생들에겐 수업을 마치고 상상력을 펼칠 수 있는 동아리실과
놀이터, 청년들에겐 꿈을 펼칠 수 있는 작업실, 외부기업들에겐 인재를 찾고 미래비전을 얘기할 수 있는
회의실 및 강의실, 주민들에겐 북항과 바다를 느낄 수 있는 휴식처 및 이야깃거리를 나누는 공간이 배치
창의가로의 왼편에는 외부기업 및 관광객, 워커들이 사용하는 레지던스 및 레스토랑이, 오른편에는
창의가로에서의 output을 내보일 수 있는 전시장, 도서 아카이브장, 강연장이 배치된다.
추가적으로 크레인에 목욕탕 프로그램을 더하였다. 대중목욕탕은 현재 공동 주택화로 인해 점점 사라지
원도심에는 하나밖에 남지 않게 되었고 원도심 주민들이 간절히
원하는 공간이다. 이는 마을의 사랑방 역할을 톡톡히 하기에, 사라져가는 목욕탕의 기능을 되살려 사람들
끌어들이는node 역할을 통해 창조커뮤니티 시설에 도움을 주고자 하였다. 왼편에는 목욕탕, 중간에는
명상 및 휴식프로그램이 추가된 목욕탕, 오른편에는
루프탑카페와 야외수영장이 배치된다.

ASS DEVELOPMENT

01 창의가로 및 중심건물

기존 트렌스퍼 크레인 흐름 재현
(창의커뮤니티시설, 레지던스, 전시장)

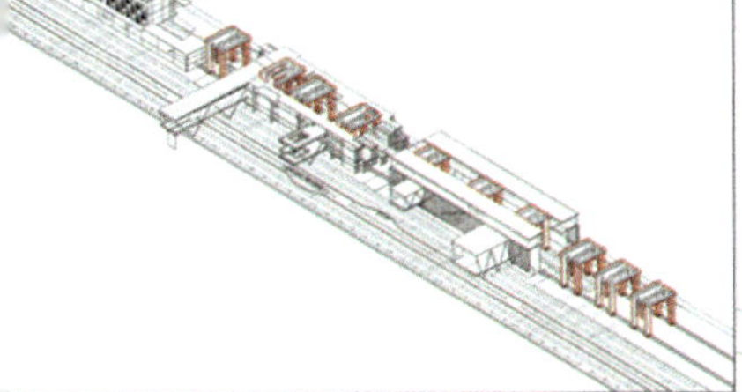

02 휴식가로

바다와 도시를 이어주는 수직축

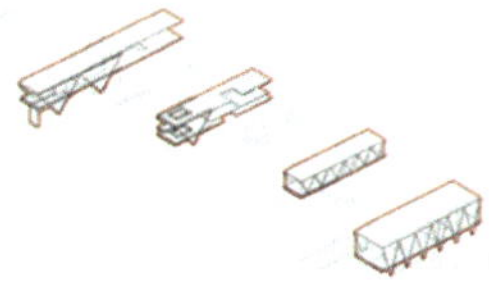

03 녹지축 연장가로

기존 대지계획의 수정녹지축과 서면녹지축 연장
건물 외부에서부터 내부까지 이어지는 가로 구현
(자전거 · 보행 겸용가로)

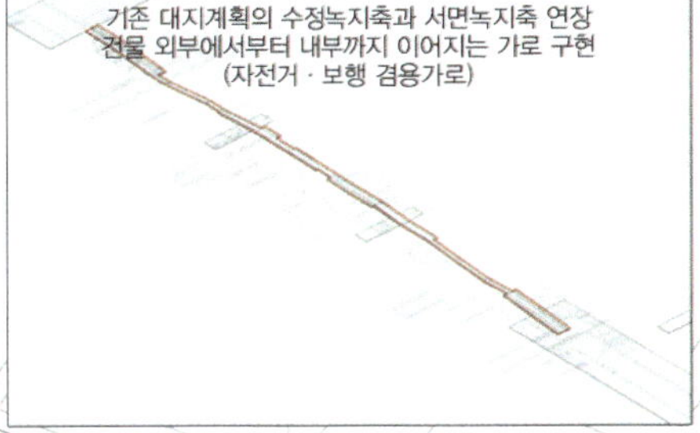

04 크레인가로

컨테이너 크레인의 흐름 재현한 목욕탕 및 명상공간_NODE 역할

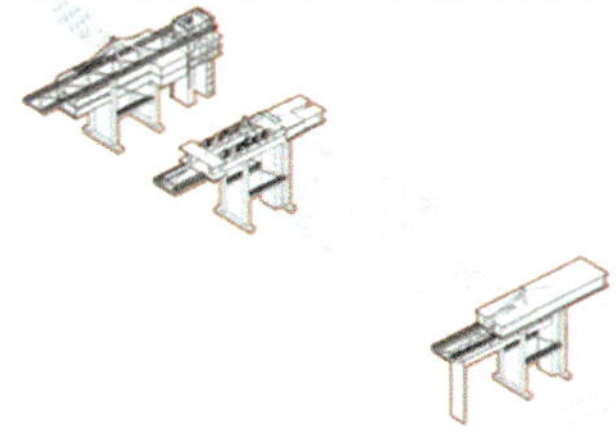

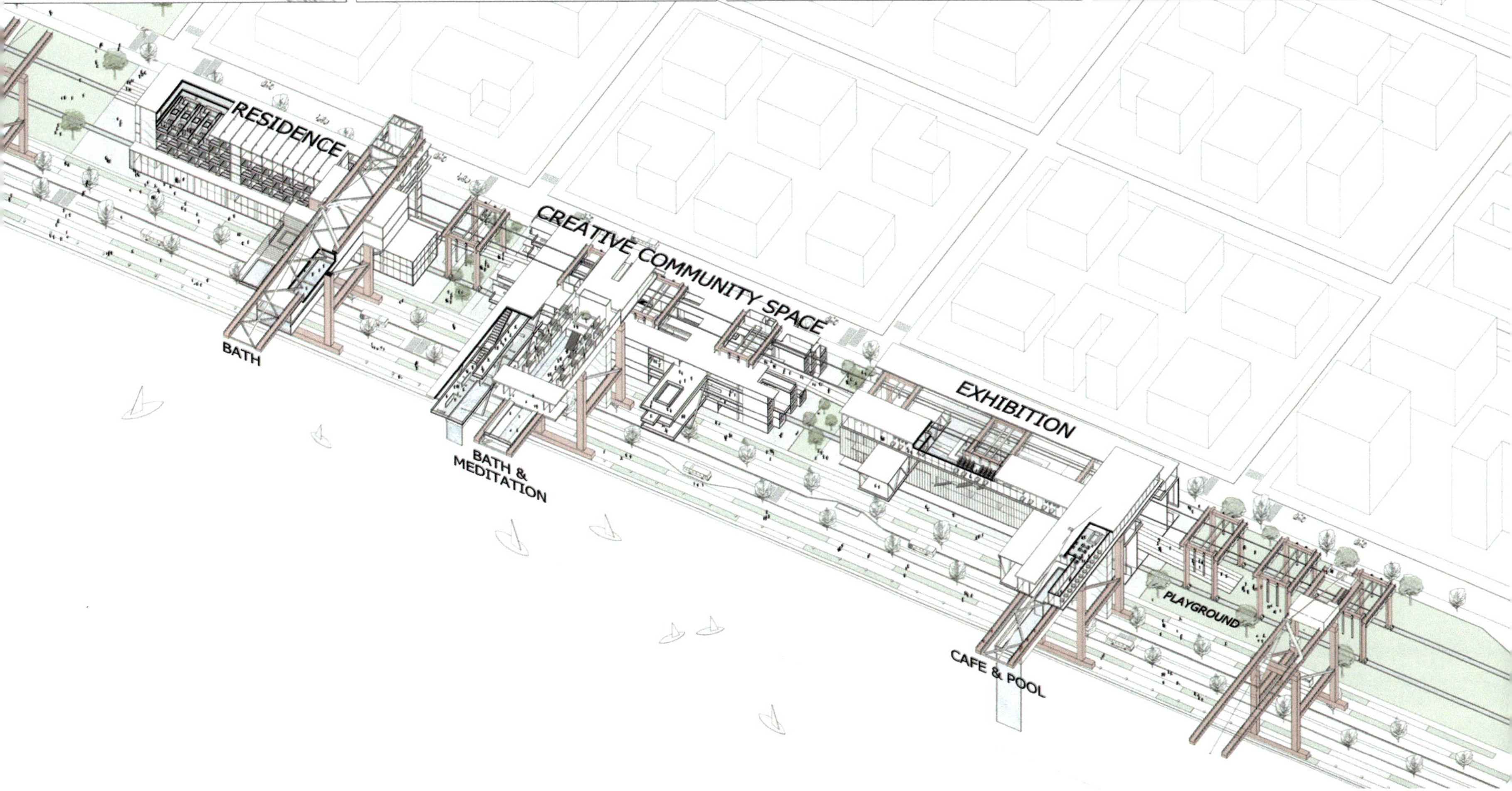

DESIGN STRATEGIES

01 복도가 없는 창의가로

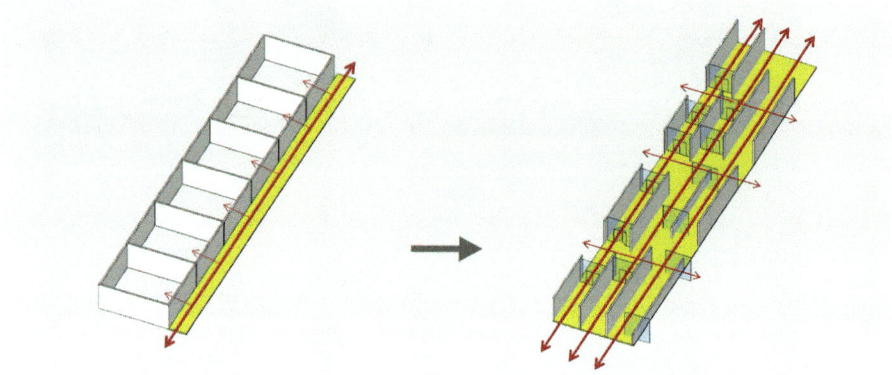

[기존 학습공간 및 가로환경] [창의가로]

기존 학습공간 및 가로환경은 복도와 여러 개의 방으로 이루어진 기능적인 구조이다. 방 사이의 소통을 쉽게 해준 복도로 인해 오히려 사람들 간의 접촉은 줄어드는 현상이 발생한다. 창의 가로는 복도와 방, 가로와 공간의 구분 없이 실의 중첩으로 시각적, 물리적으로 연결된 공간을 형성한다.

[Different Gathering & Different Program]

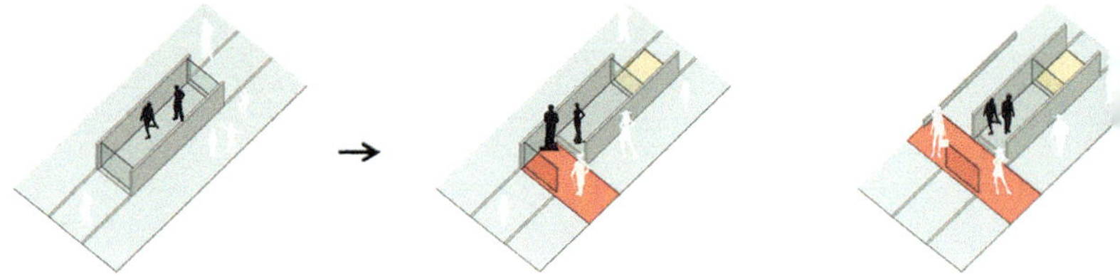

[Different Gathering & Same Program]

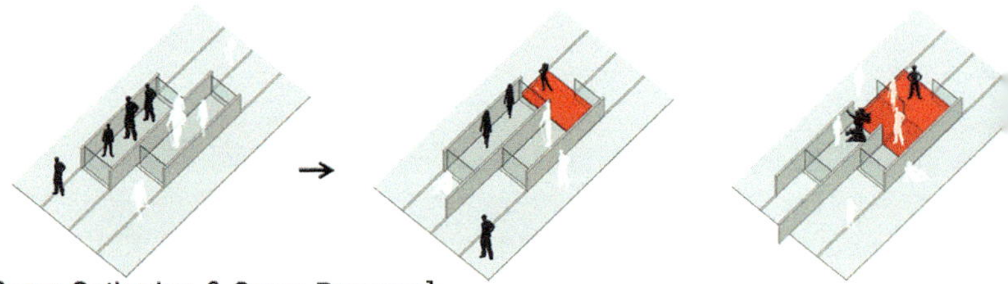

[Same Gathering & Same Program]

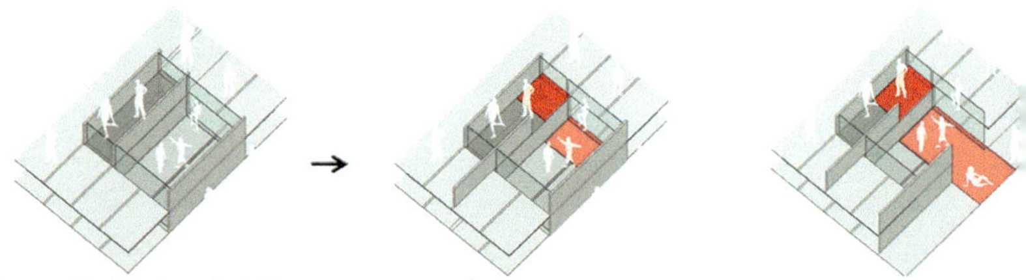

[Same Gathering & Different Program]

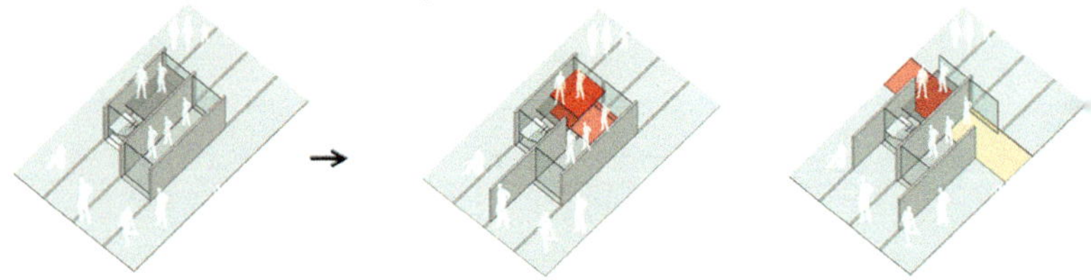

02 창의가로 벽체 가변성

창의 가로 벽체는 가변성을 가져 북항의 역동적인 흐름을 재현함과 동시에, 프로그램 공유 면적을 이용자의 목적에 따라 직접 만들어갈 수 있다. 이는 창의가로축과, 그와 수직인 휴식가로축이 만나는 경계의 지점에서 발생하며, 벽이 움직이며 그 경계를 흐리게 된다. 창의가로의 프로그램은 작업실, 동아리실, 강의실, 회의실이 있다.

다른 프로그램을 진행하는 서로 다른 모임끼리는 따로 작업하다가 벽 한쪽, 또는 양쪽을 열어 소통하거나 휴식할 수 있다. 같은 프로그램의 서로 다른 모임끼리는 따로 작업하다가 같은 프로그램을 함께 공유할 수 있다.

같은 프로그램의 서로 같은 모임끼리는 벽을 열어 함께 작업하다가 벽을 닫아 개인 작업을 하거나 외부 벽을 열어 외부와 소통할 수 있다.

다른 프로그램의 서로 같은 모임끼리는 각자 작업하다가 협업이 필요할 때 벽을 열어 함께 작업할 수 있다.

SECTIONAL PERSPECTIVE VIEW A-A'

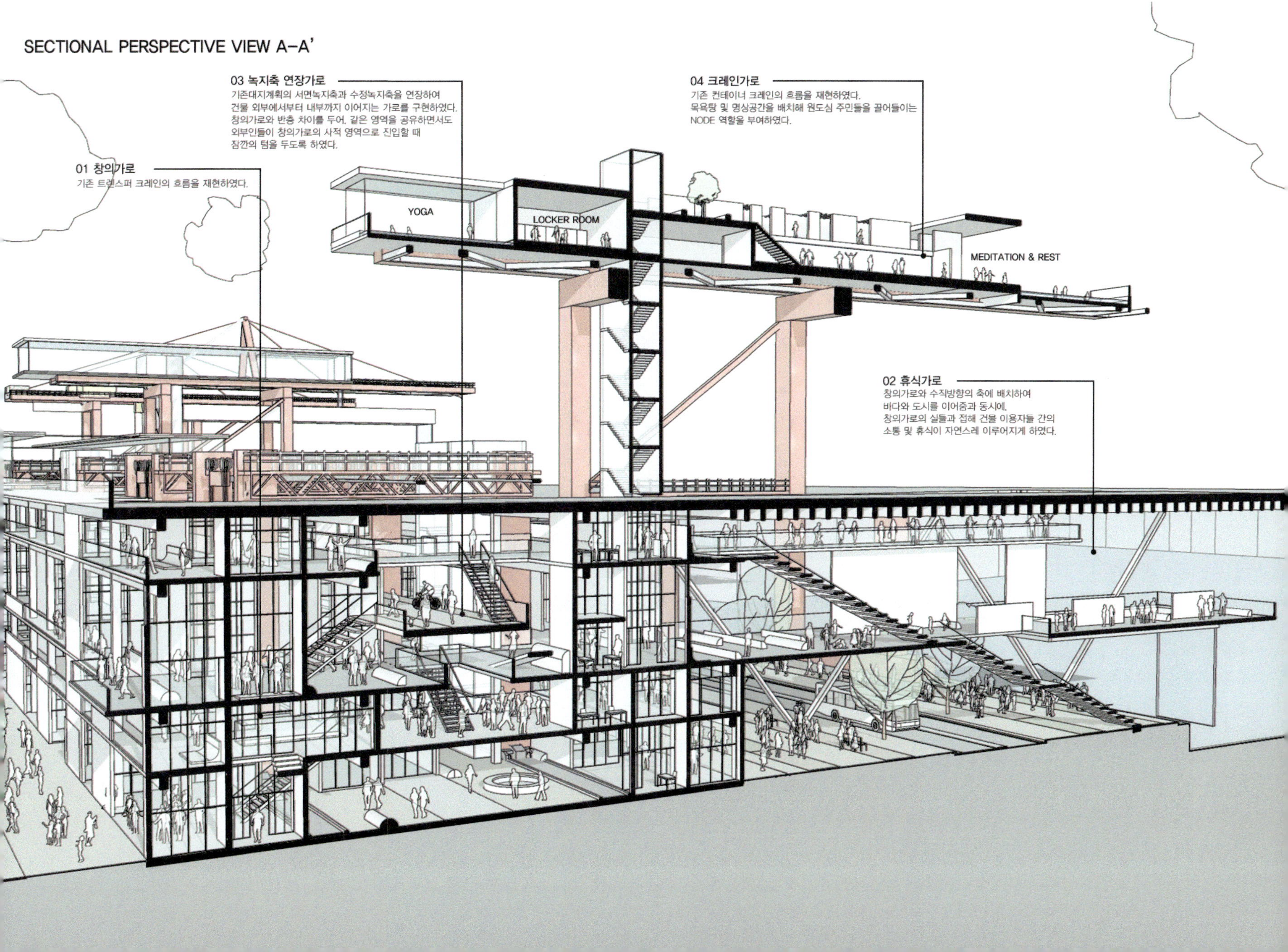

소제 스트리밍 빌리지

[한국교통대학교 건축학전공 5학년 김 교 영]

대전은 1905년 개통된 경부선 철도와 함께 성장한 근대 도시이며, 소제동과 철도관사촌은 100여 년의 시간 동안 철도관사와 그 골목길 하나하나에 우리의 역사가 켜켜이 쌓여 함께 해 온 대전의 지문과 같은 곳이다. 하지만 대전의 뿌리와 같은 소제동도 무분별한 개발과 무관심 속에 점점 불빛을 잃어가는 회색 빛의 도시로 변하며 사라질 위기에 처해 있다.

변화에 대한 불확실성과 새로운 기회에 대한 기대가 공존하는 이 시점, 소제동의 새로운 소유주 '청년예술가'와 소유보다는 경험을 중시하는 스트리밍 라이프를 지향하는 미래세대들을 위한 실시간으로 변화하며 새로운 경험을 제공하는 공유 플랫폼, '소제 스트리밍 빌리지'를 제안한다. 소제 스트리밍 빌리지는 소제동이 지닌 골목길의 공간 네트워크와 '벽'이라는 건축적 전략 요소를 활용한다. 생성과 소멸을 반복하며 개인의 공간에서 확장되는 '스트리밍 공유공간'은 사용자에 따라 실시간으로 변화하는 새로운 경험을 제공한다.

[성기문 교수]

본 작품은 현대도시가 안고 있는 지역 정체성과 장소성 상실, 그리고 지역의 일상적 삶에 대한 성찰적 해법보다는 물리적 환경개선에 국한되어 있는 도시재생의 한계점에 대한 비판적 시각에서 출발한다. 작품의 대상지인 대전 소제동 철도관사촌은 100여 년의 시간의 켜와 삶의 흔적이 스며있는 장소로서, 30여 채 이상의 철도관사가 유일하게 밀집된 역사·문화·건축적 의미와 가치가 매우 큰 도시 자산이다. 현재 철도관사촌은 근대문화유산지구 지정 및 도시재생 담론의 중심지로 떠오르고 있다.

본 작품은 대전 소제동 철도관사촌의 도시·문맥적, 건축·공간적 의미와 가치의 재생에 대한 하나의 해법이다. 무엇보다 과거의 아날로그적 가치와 현재·미래의 디지털적 가치를 '변화와 공유'라는 관점에서 통합하여 '공간'을 넘어 '시간'과 '프로그램' 차원으로 확장 가능한 '스트리밍 라이프 공유공간'과 '아키텍처럴 넛지'를 해석 및 제안하고 있다는 점에서 매우 흥미로운 작품이라고 할 수 있다.

소제 스트리밍 빌리지
음악을 다운로드 하는것에서 스트리밍 하는 것에 익숙해진 시대가 되었다.
구매를 통해 경험치를 늘리고 만족감을 높이는 데 중점을 두는 스트리밍 라이프. 점차 이에 동참하는 인구가 늘어나고 있는 추세가 뚜렷하다.
콘텐츠에서 시작된 스트리밍이 이제 삶의 전반으로 확대되어 '공간'을 넘어 '시간'과 '프로그램'까지 확장되어 최근 1인 가구의 수의 급증과 함께 개인주거공간까지 영역을 확장한다.
내 집 마련에 그다지 연연하지 않고 내가 살고 싶은 동네에서 공간을 잠시 빌려 살아보는 것을 선택하는 것이다.
골목길 공간네트워크를 통해 접속하는 소제동 스트리밍 빌리지
Home I Want to Connect, Not Own.
소제동 스트리밍 빌리지에 접속하시겠습니까?
YES
NO

도면제공: www.kimoondang.com에서 다운로드 받을 수 있습니다.

Plan 1층 평면도

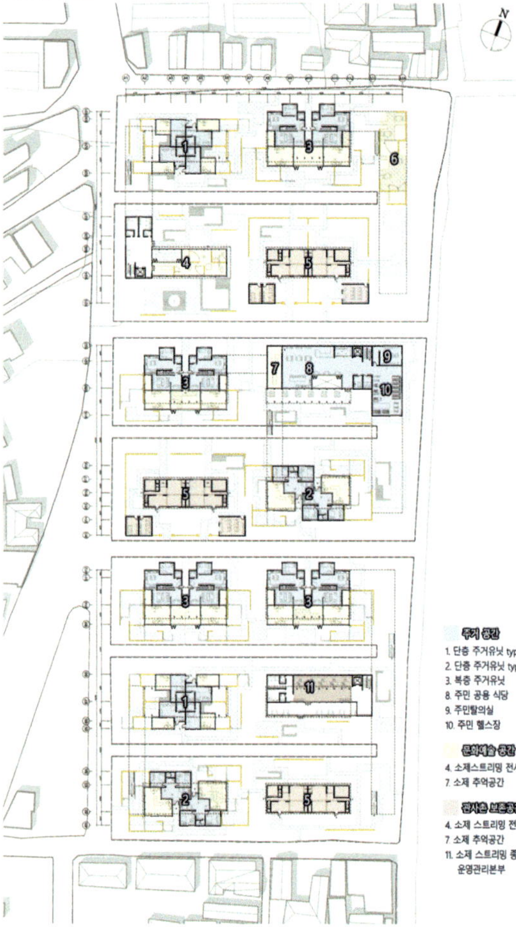

주거 공간
1. 단층 주거유닛 type 1
2. 단층 주거유닛 type 2
3. 복층 주거유닛
8. 주민 공용 식당
9. 주민탈의실
10. 주민 헬스장

문화예술 공간
4. 소제스트리밍 전시공간
7. 소제 추억공간

관사촌 보존공간
4. 소제 스트리밍 전시공간
7. 소제 추억공간
11. 소제 스트리밍 종합관리동 운영관리본부

Plan 2층 평면도

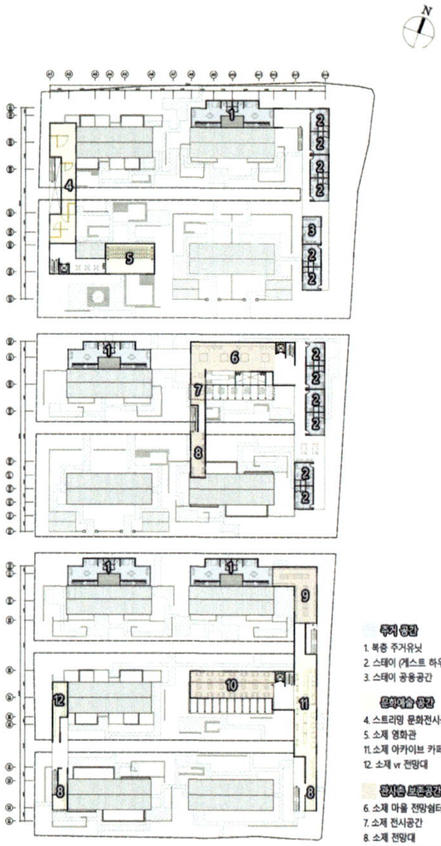

주거 공간
1. 복층 주거유닛
2. 스테이 (게스트 하우스)
3. 스테이 공용공간

문화예술 공간
4. 스트리밍 문화전시공간
5. 소제 영화관
11. 소제 아카이브 카페
12. 소제 vr 전망대

관사촌 보존공간
6. 소제 마을 전망쉼터
7. 소제 전시공간
8. 소제 전망대
9. 소제 아카이브 보관실
10. 소제 기록 도서관

Plan 2층 평면도

① 단층 주거유닛 type 1

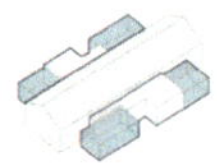

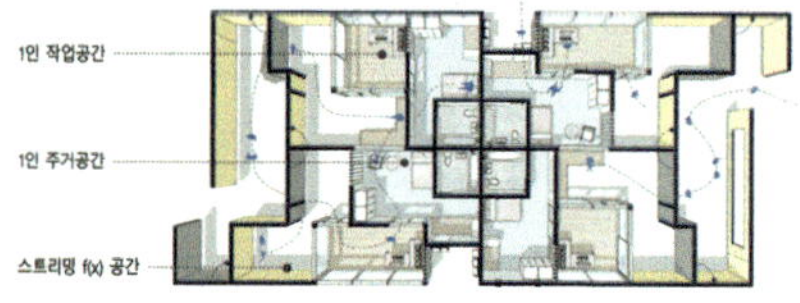

1층 평면도

② 단층 주거유닛 type 2

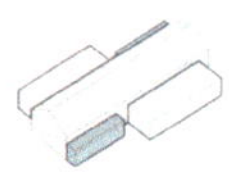

1층 평면도

③ 복층 주거유닛

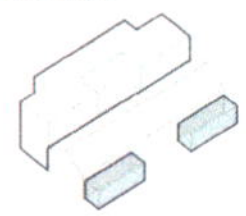

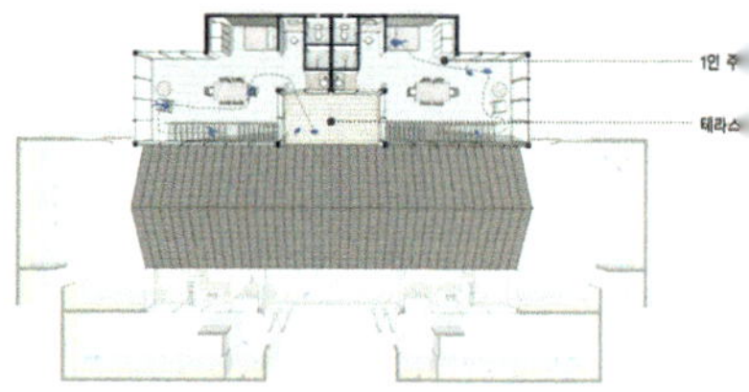
2층 평면도

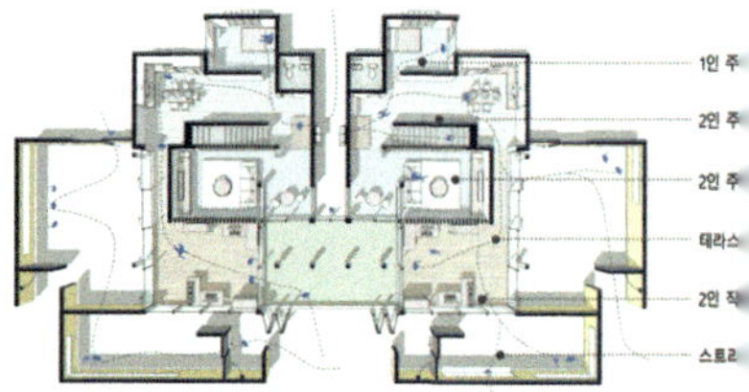
1층 평면도

주거 유닛은 소제 청년 예술가들의 주거 공간과 작업공간, 스트리밍 f(x) 공간으로 이루어진다. 스트리밍 f(x)공간은 벽체가 움직이며 열리고 닫히는 공간으로 변화시키고 각 공간은 사용자에 따라 X= 전시, 작업, 소통, 공방 등 다양한 기능과 프로그램을 담으며 변화한다.

te Analysis 대전의 마지막 철도마을, 소제동

전은 1905년 개통된 경부선 철도와 함께 성장한 근대도시이며, 소제동과 철도관사촌 100여년의 시간동안 철도관사와 그 골목길 하나하나에 우리의 역사가 켜켜이 쌓여 함께 온 대전의 지문과도 같은 곳이다.
아있는 철도관사촌 중 30여 채 이상의 철도관사가 밀집된 지역은 소제동이 유일하며, 제동의 골목길은 사람의 지문처럼 다른 장소에서 찾을 수 없는 고유의 골목패턴을 가진 유 역사 문화적가치를 가지고 있다. 하지만 대전의 뿌리와 같은 소제동도 무분별한 개발과 관심 속에 점점 불빛을 잃어가는 회색 빛의도시로 변하며 사라질 위기에 처해 있다.

Site Analysis 대전과 소제동의 발전과 변천

1900~1920	1920~1940	1950~1990	2000 ~ 2010	현재
1904년 경부선과 1914년 호남선 개통으로 대전이 교통요지가 되면서 동광장 소제동이 일본인들의 거점이 되면서 변화가 시작.	1927년 소제호 매립공사로 철도노동자들을 위한 대전역 주변 3개의 거대한 철도관사촌을 형성.	한국전쟁 이후 1960년대 민간에 불하 민간인 거주지로 사용. 90년대 초 둔산 개발로 다른 원도심 지역과 함께 쇠락.	2009년 대전역세권재정비촉진지구 지정 후 관사촌을 가로지르는 4차선 도로 계획발표. 개발이냐 보존이냐 논쟁.	2015년 도시재생회사 '익선다다'가 관사 매입 후 리뉴얼. 2020년 현재 중요근대 문화유산지구와 도시재생담론의 격전지.

te Analysis 소제동의 '소유주'

1960~1990
② 민간인 거주지
1960년대 민간에 불하되기 시작하면서 민간인 거주지로 사용.

현재
④ 소제 주민 + 문화예술작가
기존 소제동 주민들과 철도 관사 45호 소제창작촌을 중심으로 문화예술작가들의 레지던스

1900~1940
철도노동자들의 철도관사촌
04년 경부선과 1914년 호남선 개통 1927년 소제호매립공사로 철도노동자들을 위한 관사촌 형성.

2000 ~ 2010
③ 투기꾼
역사문화적 가치와 함께 이슈가 되면서 개발과 존치 문제로 소제동에 거주하는 것이 아닌 땅을 가진 투기꾼들의 등장

미래
⑤ 청년 예술인과 방문객(미래세대)
청년 예술인을 위한 작업공간과 주거와 방문객들을 위한 주거공간 제시

Site Analysis 소제동의 1930년과 2021년

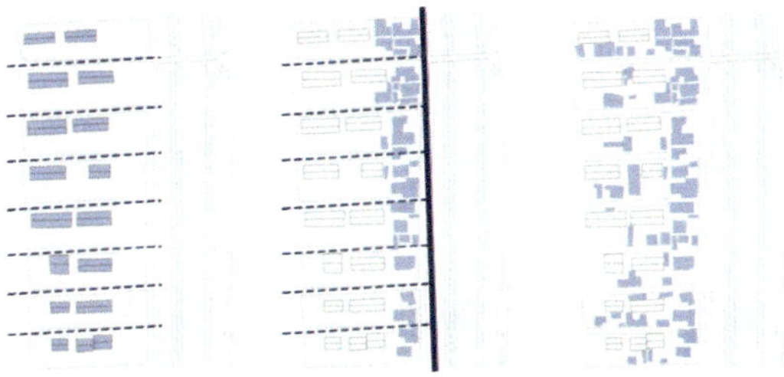

관사촌 형성 | 접근로 폐쇄 | 신축 및 증축

Site Analysis 소제동 철도관사의 기본유형

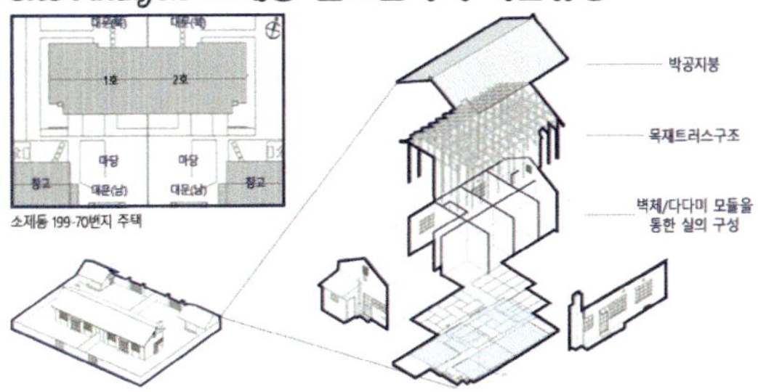

건물 중앙벽을 경계로 주택 한 채에 두 가구 양쪽에 나뉘어 사는 '2호 연립주택'
목재 트러스구조로 다다미 한칸을 모듈로 구성.

Site Analysis 소제동의 '오늘'과 '내일'

프로그램

카페 / 식당 · 주거 · 문화예술 · 보존 / 박물관 · 스테이 · 전시 (아카이브)

소제동의 공간활용요소

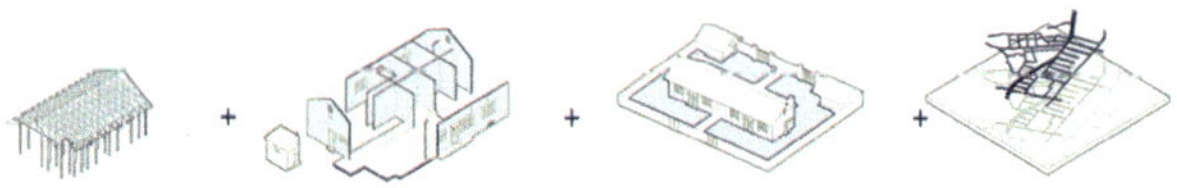

미래도시로의 기능변화

공간형성의 기본 구조 트러스 구조의 상징성 + 수퍼&하이퍼 스크린의 역할 + 공동체 형성의 공유공간 네트워크 쉼터 + 접속링크 네트워크

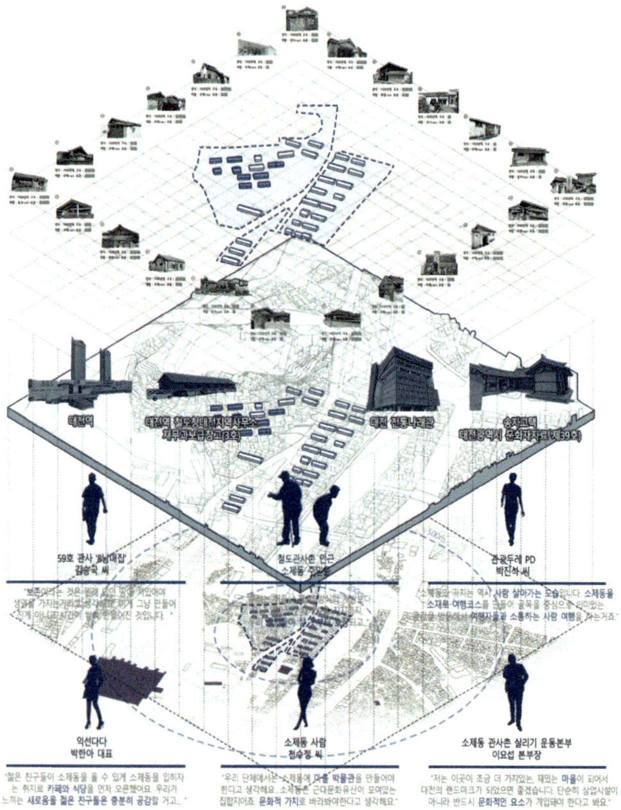

Unit Type Classification 소제동의 공간활용요소와 변용가능성

① Current

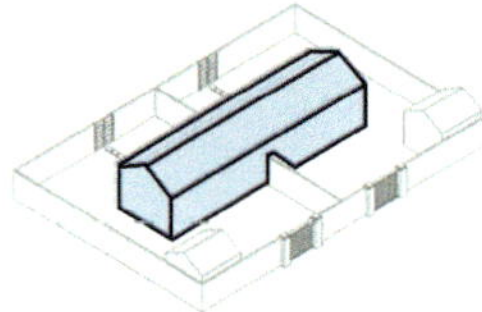

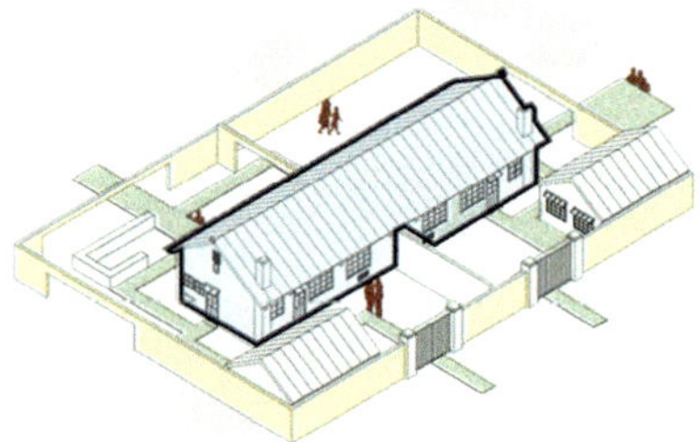

남겨야 할 보존 영역을 지정하여 전시와 체험을 통한 메모리얼 공간으로 활용. 내부 공간구조와 평면 변화를 통해 전시실로 활용.

② Module

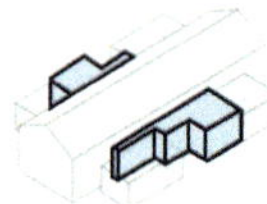

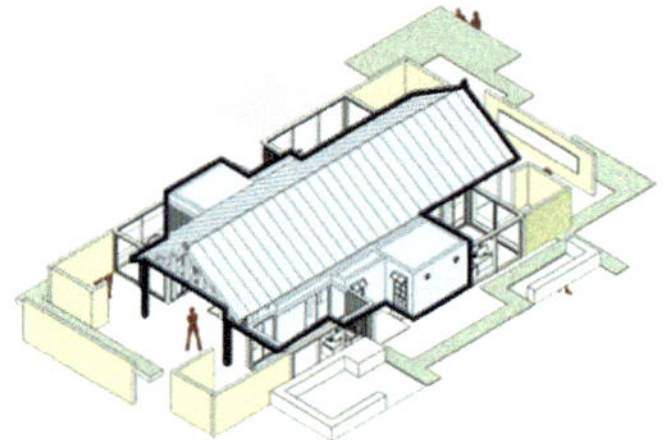

기존 관사촌의 모듈적 구성을 바탕으로 고정된 영역과 새롭게 형성되고 변화하는 모듈 공간간의 성격 구분 및 확장 가능성.

③ Truss

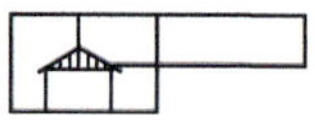

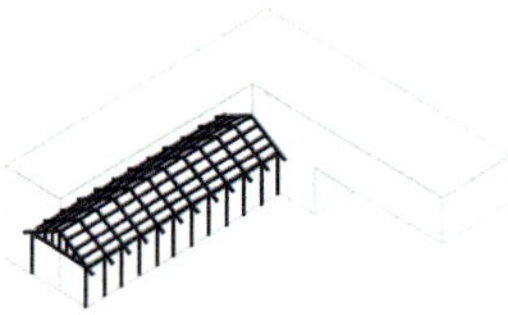

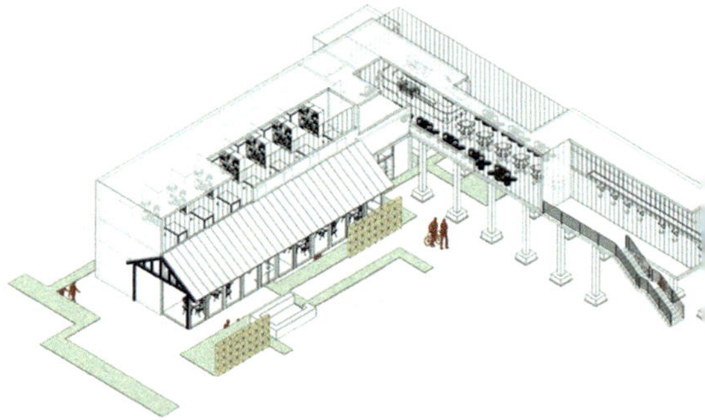

증축을 통해 4~6개의 동을 하나의 단지로 구성된 클러스터를 모아주는 역할. 확장된 공간 내부의 목조 트러스의 존재감은 관사촌의 정체성을 드러냄.

④ Cover

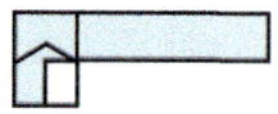

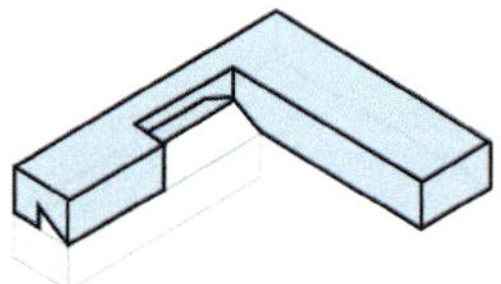

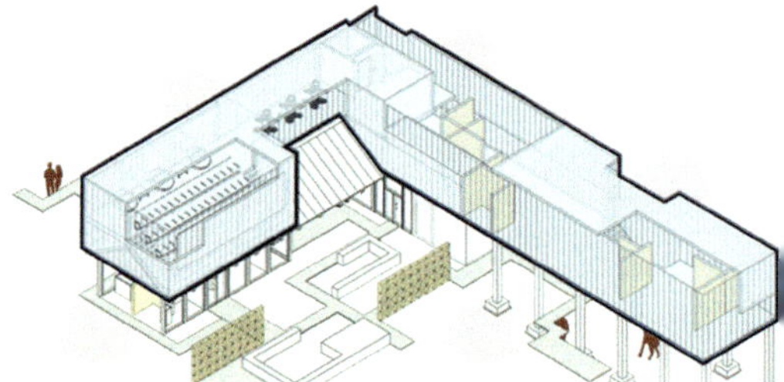

관사촌을 감싸는 유리 매스를 통해 새로운 공간이 생겨나며 소제 스트리밍 빌리지의 풍경을 담을 수 있는 공간으로 변화.

Program Background 대전 도시공간체계의 공간불균형

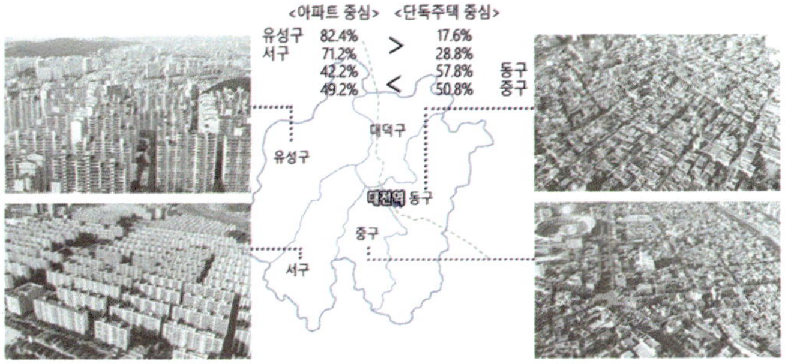

|대전시 주거 유형

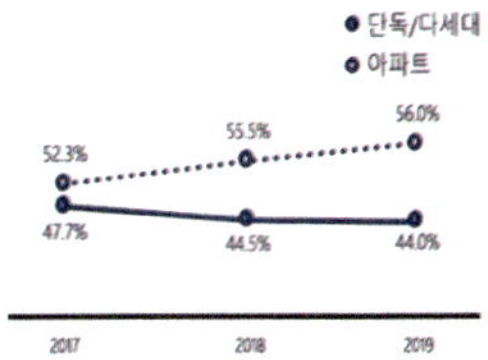

최근 3개년 간 대전시 주거유형 비율 자료 : 통계청

|대전시 1인가구 구성

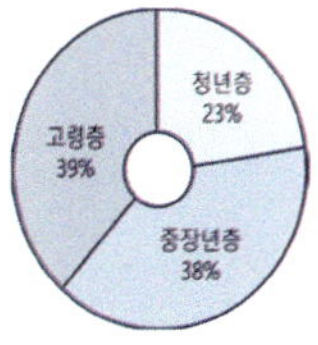

자료 : 통계청

|대전시 1인 가구 증가 전망

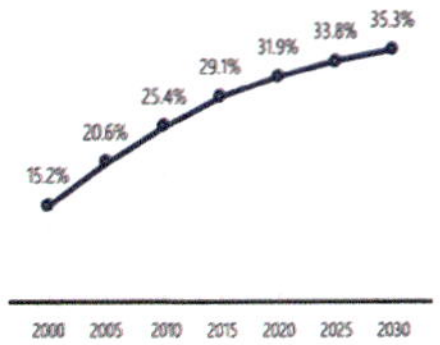

자료 : 통계청

Trend Keyword 트렌드 키워드

#01. '수퍼&하이퍼' 현상

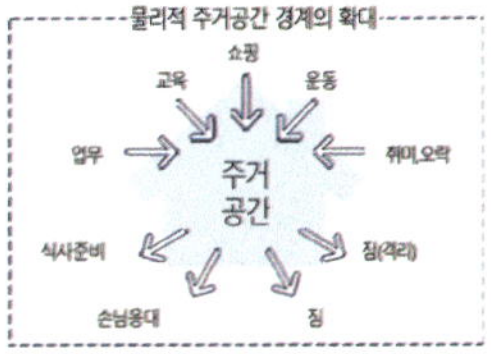

4차 산업혁명 기술의 적용으로 공간의 용도,기능 ,분류가 무의미해진다. 주거공간의 경계가 무너지고 물리적 지배를 넘어 도시공간으로 넓어진다. 초연결, 초지능, 초융합 공간이 늘어남에 따라 다양한 활동들이 집에서 이루어진다.

	1970년	1980년	1990년	2000년
세대구분	X세대	밀레니얼 세대 (Y세대)		Z세대
출생연도	1965~1979년	1980~1994년		1995년 이후
미디어 이용	디지털 이주민 '아날로그'	디지털 유목민 '아날로그+디지털'		디지털 네이티브 '디지털'

#02. 'EB 주연시대'

밀레니얼 세대, EB가 주인공이 된다. 밀레니얼 세대의 관심을 끄는 공간이 핫플레이스가 되고, EB들의 시각에서 공간이 재편된다.

#03. '스트리밍 라이프(Streaming Life)'

소유보다는 경험을 중시하는 소비 트렌드가 확산된다. 소유보다 경험을 중시하며, 소유하지 않고 원하는 것을 즉각 경험할 수 있는 삶을 추구하는 새로운 '라이프스타일'

Concept 고정과 가변

건축과 도시는 고정된 사물이 아니라 성장과 소멸, 재생의 순환을 거듭하는 가변적인 유기체이다.
공간을 구획하는 가장 잘 담아낼 수 있는 건축적 전략요소

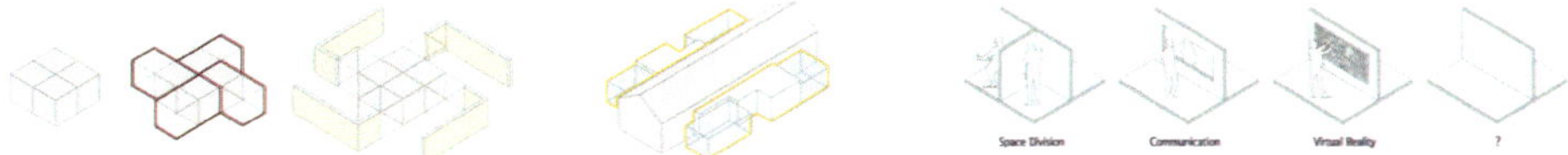

고정과 가변

새롭게 형성될 주거공간 내에서
고정과 가변의 공간 역할과 구조를 설정

남겨져야 할 것과 변화하여야 할 것

소제동이 지닌 역사적 가치와 공간적 특징은 남기면서,
지역주민과 미래세대를 위한 공간조직을 통해
지속가능한 도시공간으로의 소제동의 변화

아날로그와 디지털

소제동을 기억하고 앞으로 만들어나갈 '벽'이라는 건축요소를
활용한 아날로그적 기억 방법과 디지털적 기억 방법

Program 소제 스트리밍 빌리지 운영계획

대전 소제동이 가진 골목길의 접속링크 네트워크를 통해 주민들은 공간으로 접속한다. 관사촌의 목재 트러스구조와 벽체로 이루어진 각 공간들은 4차산업기술의 적용으로 주민들이 원하는 공간으로 Digtal화 되어 변화한다. 골목네트워크를 통해 우연히 접속하게 되는 Analog적인 보존된 관사촌과 전시공간은 주민들의 경험을 더욱 다양화시킨다.

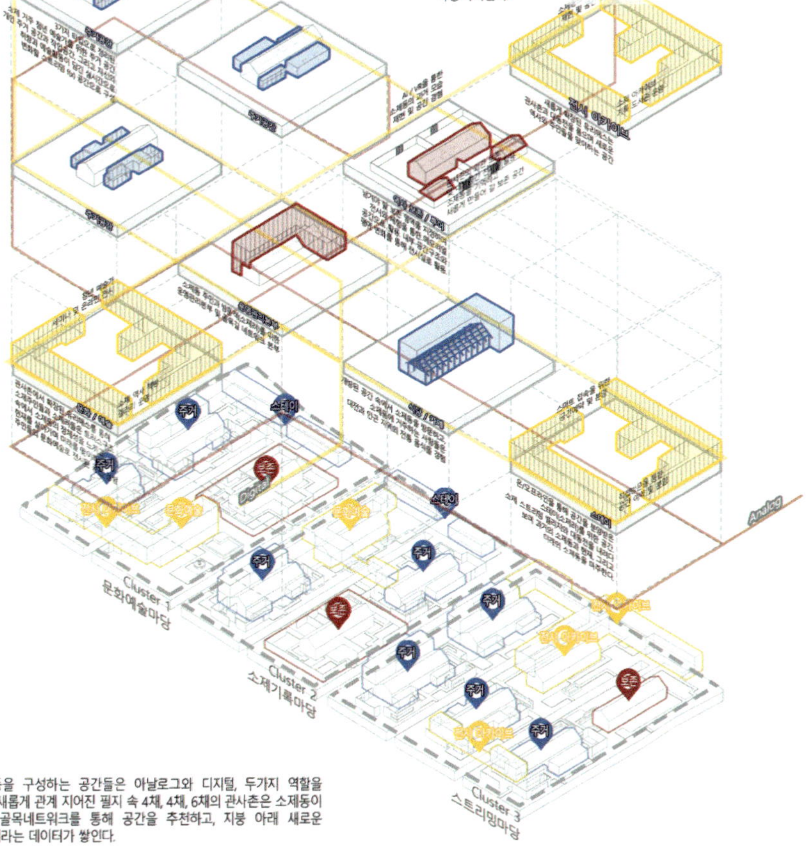

소제동을 구성하는 공간들은 아날로그와 디지털, 두가지 역할을 한다. 새롭게 관계 지어진 필지 속 4채, 4채, 6채의 관사촌은 소제동이 가진 골목네트워크를 통해 공간을 추천하고, 지붕 아래 새로운 기억이라는 데이터가 쌓인다.

Architectural Nudge 아키텍처럴 넛지

넛지 (Nudge) : 팔꿈치로 슬쩍 찌르다. / 선택 설계자가 사람들을 크게 변화시키지 않고 예상가능한 방향으로 그들의 행동을 변화시키는 것.
빌리지를 운영 및 방문객들의 행위를 유도하기 위해 Module, Cluster, Alley Nework Platform, Streaming Nomad Wall 이라는 4가지의 아키텍처럴 넛지를 시도한다.

① Current

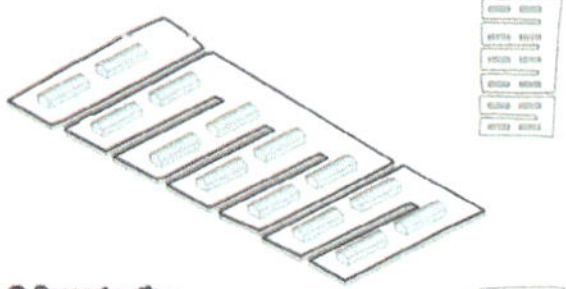

기존 소제동이 가지고 있는 골목길은 소제동이 지닌 존재의 바탕이 되며 그 어떤 변화도 품으며 새로운 가치를 키워낼 수 있는 능력을 지님.

② Reconstruction

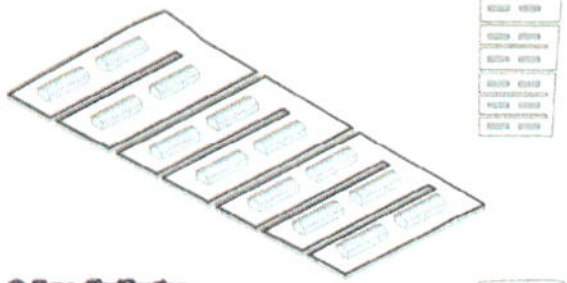

기존 소제동이 가지고 있는 골목길과 필지구성에서 클러스터 형성을 위해 골목길과 필지를 재구성.

③ Type Classification

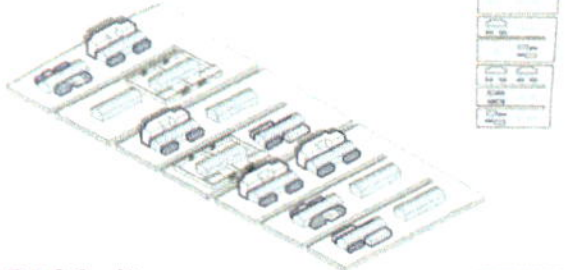

아키텍처럴 넛지 1. Module
모듈을 통한 확장성

기존 관사촌의 모듈(단위블럭)을 통해 건축의 유연성과 가변성을 극대화하며 사용자들의 필요에 따라 자유롭게 확장 및 축소 가능. 확장된 공간은 사용자들의 개인적인 취향을 담는 show room과 같은 역할. 그들의 취향에 따라 실시간으로 변화하며 외부인들은, 선택적 접속이 가능.

④ Relationship

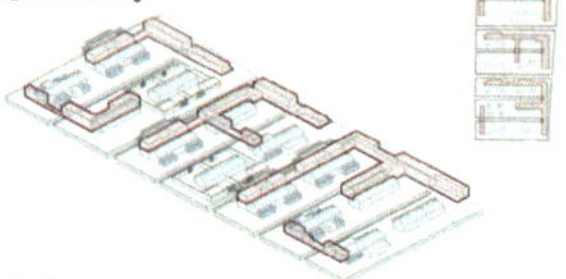

아키텍처럴 넛지 2. Cluster
흩어진 매스를 연결하는 유리매스

흩어진 관사촌을 연결하며 클러스터를 형성하는 유리매스를 통해 사용자는 클러스터 조직 속에서 생겨나는 우연한 만남을 통해 다양한 관사촌을 연결하는 매개체로써 다양한 길의 가능성을 제시. 다양한 만남을 유도하고, 일상의 패턴 축적을 통해 풍부한 관계맺음의 공동체 장소로 구현.

⑤ Alley Network Platform

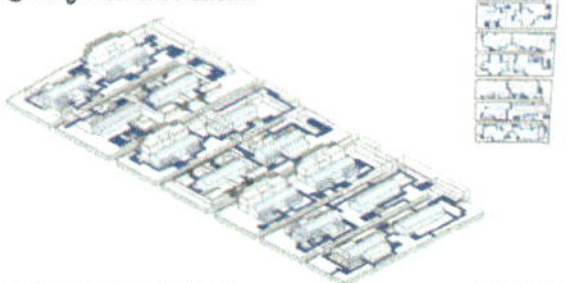

아키텍처럴 넛지 3. Alley network platform
골목길 네트워크 플랫폼

소제동의 격자형 골목길에서 확장된 길을 통해 사용자의 특성에 따라 선택적 자유가 보장되고, 이 선택적 자유는 실시간으로 구성원의 특성이 반영된 생활패턴을 형성. 이 데이터를 기반으로 비슷한 취향과 삶의 패턴을 가진 사용자들은 새로운 공동체를 형성하고, 다양한 삶에 반응하는 길을 제공하는 네트워크 플랫폼의 역할.

⑥ Streaing Nomad Wall

아키텍처럴 넛지 4. Streaming nomad wall
스트리밍 노마드 벽

벽이라는 건축요소는 아날로그와 디지털을 담기 위한 좋은 장치. 마을 곳곳에 위치한 스트리밍 노마드 벽은 아날로그와 디지털적의 가능을 하며, 벽을 사이에 두고 청년예술가와 방문객들 사이의 교감과 소통을 가능케함. 사용자가 원하는대로 실시간으로 대응하며 새로운 벽체가 생겨나고 변화하며 그 속에서 다시 재창조된 공간들은 살아있는 마을의 일부가 됨.

Program 소제 스트리밍 빌리지

소제 영화관

기존 관사촌의 상부를 활용하여 영화관을 구성한다
소제동에 거주하는 예술인들과 주민을 위한 영화관을
통해 소제동을 기억하고 새롭게 기록되고 그려지는
소제동의 모습을 지붕 아래에서 함께 공유한다

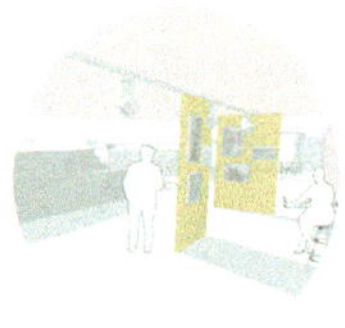

소제마을 전망쉼터

관사촌의 지붕아래 앉아 쉬기도 하고
소제스트리밍 빌리지를 전망하는쉼터.
과거 소제동의 지붕 아래에서 현재의 소제동을
바라보고 미래의 소제동을 기대하며 만들어간다

소제 스트리밍 전시공간

스트리밍 노마드 월로 구성된 내벽을 통해
아날로그적 공간이 계속해서 구성 및 해체되며
4차 산업기술이 적용된 디지털적 가상현실.
증강현실을 통한 새로운 전시방법을 제안한다

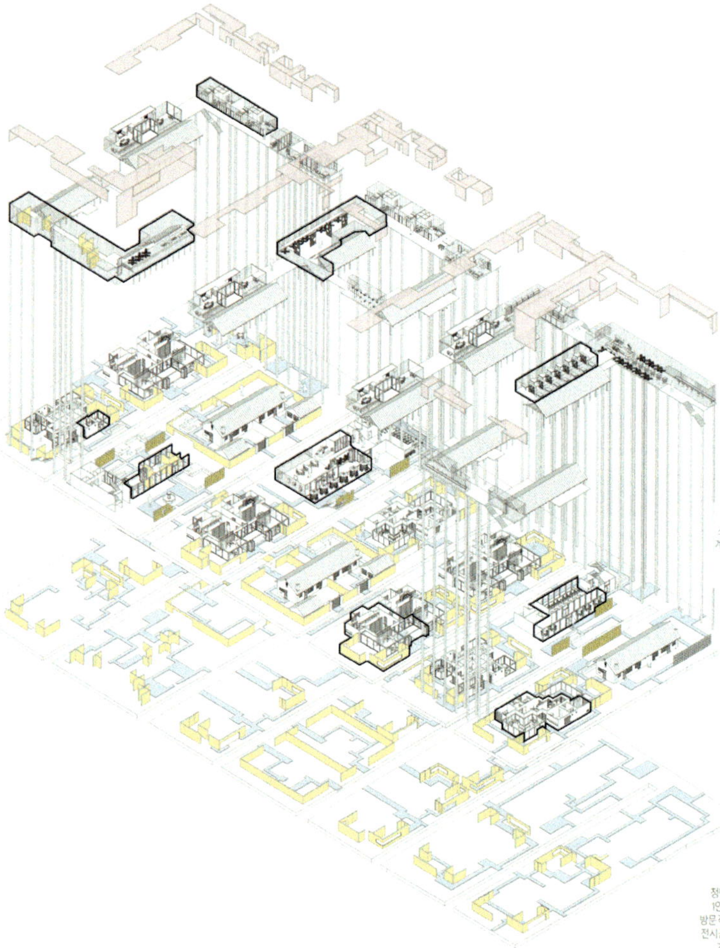

소제 스테이

공간예약을 통해 스테이를 분양받은 방문
위한 대동천이 내려다 보이는 스테이 공
반맞춤 제작을 통해 공간의 구성과 변용이
하여 이용자의 취향을 담은 공간 형성

소제 기록 도서관

소제 아카이브 공간과 연계하여 소제동에 대한
계속해나간다. 소제동의 변화하는 소유주에 대한
앞으로 청년예술인들이 만들어 나갈 소제동에
이미지를 그려나가고 기록한다

1인 작업공간 / 스트리밍 f(x)공

청년예술가를 위한 1인작업 공간과 스트리밍 f(x)
1인 작업공간은 예술인들의 작업활동과 취향을
방문객과 소제주민들에게 또 하나의 실시간으로 변
전시공간. 스트리밍 f(x)공간은 x=전시, 작업, 소통,
거주자에 따라 다양한 기능과 프로그램을 담는

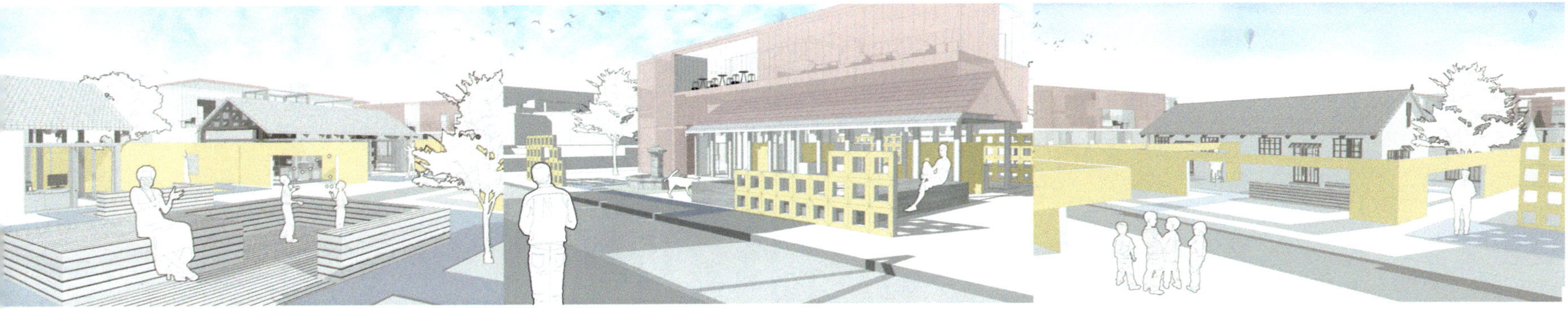

vation

Perspective Section

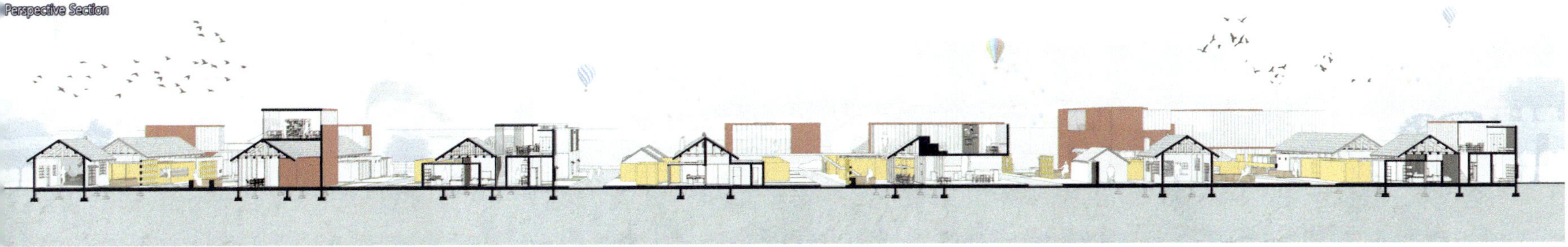

Urban Culture Factory
- 인천 동일방직 공장 부지를 활용한 문화 클러스터 형

[선문대학교 건축학과 5학년 김 동 민]

팬데믹 사태 이후 사람들의 라이프 스타일은 급격하게 변화하였고 이러한 흐름은 팬데믹 사태가 종식 되더라도 유지될 것으로 전망된다. 특히 이동이 제한되면서 대도시나 해외로 쏠린 관심, 욕망이 로컬(local)로 집중되게 만들었다. 대부분의 문화공간들은 이러한 갑작스러운 변화에 따라가지 못하고 서로 교류 없이 버티고 서있거나 방치 되고 있는 실정이다. 본 설계에서는 이러한 문제점들의 원인을 지역적 맥락을 고려하지 않은 문화산업구성과 과도하게 '소비'에 중점이 맞춰진 상황에 있다고 보고 이를 해결하기 위한 해결방안으로서 그 지역의 기억을 담고 있는 방치된 근대산업유산을 활용한 도시의 맥락(context)과 지역성(locality)에 기반을 둔 문화산업클러스터 형성을 제안하고자 한다.

앞으로 로컬에 대한 욕망이 높아진 만큼 문화산업이 그만한 가치를 갖고 기반을 다지기 위해서는 지역사회가 가지고 있는 맥락을 고려한 문화산업이 들어와야 할 것이다. 도시적인 맥락으로 묶인 문화산업들은 그 종류가 다양하게 구성되기 때문에 기존의 비슷한 문화산업들끼리 모이는 문화지구가 가질 수 없는 다양한 장르의 콜라보 속에서 새로운 문화적 혁신이 일어날 가능성을 높일 수 있다.

[이기석 교수]

본 작품은 코로나 이후 사회의 변화 속도가 급격하게 증가하고 있는 가운데 기존의 문화공간은 과연 이러한 속도를 따라갈 수 있을까?에 대한 답을 줄 수 있는 문화 공간이 나아갈 방향성을 제시하고, 문화공간의 지속가능성을 높일 수 있는 방안을 찾는 과정 속의 설계 결과물이다. 팬데믹 이후 사람들의 이동이 제한되면서 가장 주목받고 있는 공간은 로컬(local)이다. 과거 로컬이 주목 받았던 시기가 있었지만 그때는 삶의 공간으로서 로컬을 주목한 것이 아닌 그저 소비 이슈로 주목하였다. 팬데믹 이후 로컬은 새로운 가능성을 촉진시키면서 부활을 이끌고 있다. 이러한 로컬 이슈를 기회로 잡아 팬데믹의 위기를 새로운 가능성의 기회로 삼을 수 있는 작품으로 제시했다는 것에 본 작품의 의의가 있다. 본 작품은 로컬(local) 이슈를 반영함과 동시에 모든 도시에서 항상 문제가 되는 방치된 건물 문제를 해결 할 수 있는 방법으로 폐공장 건물(동일방직공장)의 리노베이션 방안을 제시하고 있다. 창작/가공/전시 공간이 완전 차단되어 있는 것이 아닌 간접적으로 연결되어 있어 기존의 문화공간에서 체험할 수 없는 경험이 가능하도록 하였다. 즉 한 공간에서 문학 작가 개인 작업실(창작) → 문학동네(출판사/유통/가공) → 서점·도서관·전시관(소비)의 문화활동이 one stop으로 이루어지도록 하였다.

RBAN CULTURE FACTORY

천 동일방직 공장 부지를 활용한 도시기억의 문화 클러스터 형성

스럽게 들이닥친 코로나19 팬데믹은 우리의 일상을 크게 바꾸어 놓았다. 사람들 간의 접촉이 줄어들었지만 오히려 우리는 일상 속 타인들의 존재를 보다 더 선명하게 의식하게 되었고, 서로가 서로의 생활에 을 주고 받는 총체적으로 연결된 존재임을 절실하게 깨닫게 되었다. 이러한 급격한 변화속에서 일상의 행복과 공공생활을 함께 경험할 수 있는 커뮤니티 공간의 가치와 필요성이 높아진 가운데 가장 대표적인 니티 공간이라고 할 수 있는 문화공간은 어떠한 방향으로 나아가야 할까?

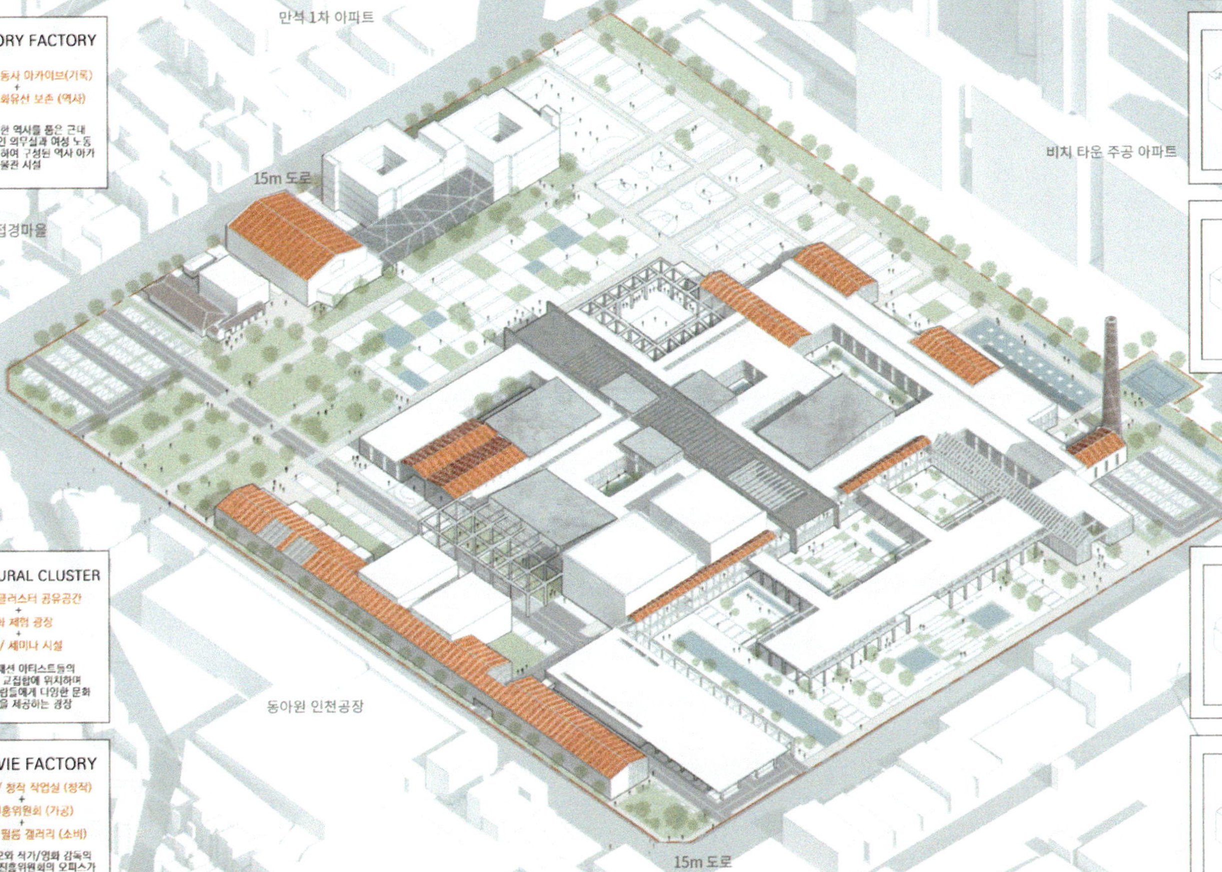

SYNOPSIS : 건축 개요

대지 위치 : 인천광역시 동구 만석동 37-2
대지 면적 : 79,912㎡
지역 지구 : 일반 공업 지역
도로 현황 : 남동 15m / 남서 20m / 북동 15m
건물 용도 : 복합문화시설 / 업무시설
건축 면적 : 18,853㎡
연면적 : 21,445㎡
건폐율 : 23.59% [법정 70%]
용적률 : 26.83% [법정 350%]
건물 구조 : 철근 콘크리트조 / 철골조 [보강]
건물 높이 : 복합문화공간 : 7m / 역사 박물관 : 17m
외부 마감 : 조적조, 노출 콘크리트, 스틸 판넬, 글라스
주차 대수 : 172대 (장애인 주차 10대 포함) [법정 143대]
조경 면적 : 28,570㎡ [법정 15%]

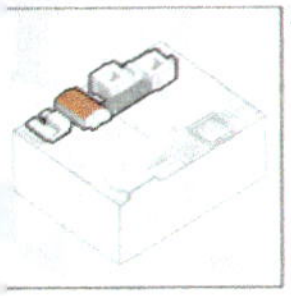

#1. HISTORY FACTORY

인천 근대 노동사 아카이브(기록)
+
근대건축문화유산 보존 (역사)

여성 인권에 대한 역사를 품은 근대 건축 문화유산인 의무실과 여성 노동자 숙소를 보존하여 구성된 역사 아카이브 공간과 박물관 시설

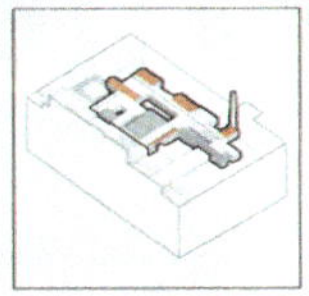

#2. LITERATURE FACTORY

DI동일 방직공장
+
패션 디자이너 작업실
+
플래그십 스토어 / 셀렉트 샵

동일방직 공장을 소유한 DI동일의 방직공장과 패션 디자이너들의 개인 작업실 그리고 이를 시연 할 수 있는 스토어와 패션쇼 룸 으로 구성된 시설

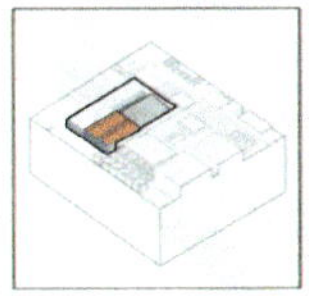

#3. FASHION FACTORY

DI동일 방직공장
+
패션 디자이너 작업실
+
플래그십 스토어 / 셀렉트 샵

동일방직 공장을 소유한 DI동일의 방직공장과 패션 디자이너들의 개인 작업실 그리고 이를 시연 할 수 있는 스토어와 패션쇼 룸 으로 구성된 시설

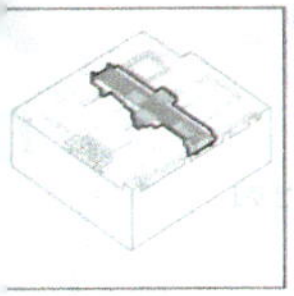

#4. CULTURAL CLUSTER

문화창작 클러스터 공유공간
+
문화 체험 광장
+
교육 / 세미나 시설

영화/문학/패션 아티스트들의 창작 공간의 교집합에 위치하며 방문하는 사람들에게 다양한 문화 체험과 교육을 제공하는 광장

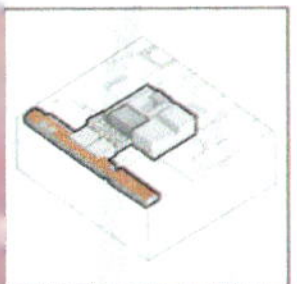

#5. MOVIE FACTORY

스튜디오 / 창작 작업실 (창작)
+
영화진흥위원회 (가공)
+
영화관 / 필름 갤러리 (소비)

촬영 스튜디오와 작가/영화 감독의 작업실, 영화진흥위원회의 오피스가 자연스럽게 묶인 클러스터 시설과 방문자들을 위한 영화 관련 문화공간

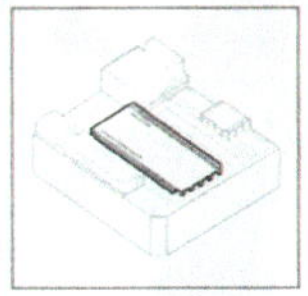

#6. FACILITY SPACE

통합 설비 시설 / 중앙 공조실
+
직원 전용 주차공간

기존 건물에 위치한 설비시설을 활용한 통합 설비시설로 건물 전체를 관리하는 관리 시설과 주차장으로 구성된 공간

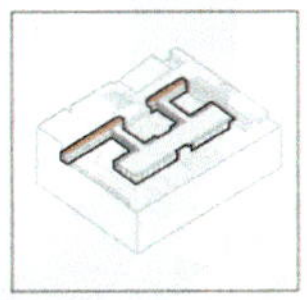

#7. COMMERCIAL SPACE

창작물 플래그십 스토어
+
카페/음식점 및 휴식공간

영화/문학/패션 관련 창작자들의 플래그십 제품들과 다양한 문화 상품들을 판매하는 상업공간과 공원과 연계한 카페/음식점 등의 휴식 시설

ISSUE : 팬데믹 이후 공간의 새로운 중심이 되는 욕망

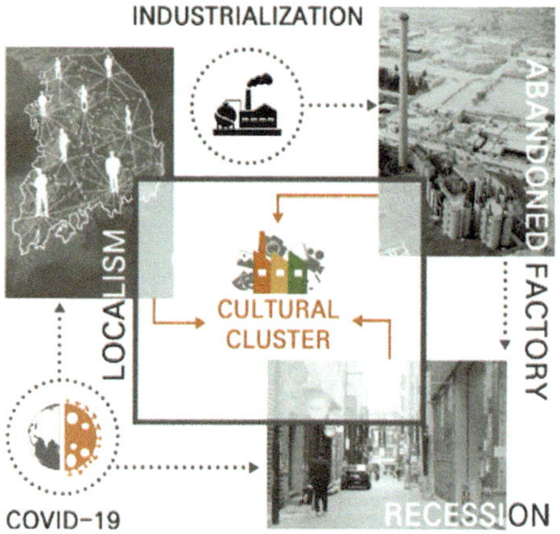

갑작스럽게 들이닥친 코로나19 팬데믹은 우리의 일상을 크게 바꾸어 놓았다. 이러한 변화로 인해 트렌드의 속도도, 우리가 가진 욕망의 방향도 달라지고 있다. 팬데믹으로 더 높아진 욕망의 공간은 로컬(Local)이다. 팬데믹은 상업 · 문화 등이 대도시 중심으로 전개됐던 기존과 다르게 로컬을 새로운 주류로 부상시켰다.

수년째 한국 사회에서 '로컬'은 트렌디한 키워드 였다. 하지만 사실 우리는 삶의 공간으로서 로컬을 주목한게 아니다. 서울 사람이 제주도에 가서 카페나 게스트 하우스를 차리고, 서울 외곽의 허름한 건물을 리모델링 하여 카페를 여는 식으로 핫플레이스를 로컬의 공간으로 옮겨온 느낌이었다. 그동안 로컬이란 이미지를 소비 이슈로만 주목해 왔다고 해도 과언이 아닐 것이다. 결국 판타지 같던 로컬의 한계는 드러났고, 소비로서의 로컬 이슈는 시들해져 갔다. 하지만 지금은 팬데믹으로 인한 급격한 사회적 변화가 로컬의 새로운 부활을 이끌고 있다. 이러한 현상은 팬데믹이 새로운 가능성을 촉진시켰다고 볼 수 있다. 모든 도시에서 문제가 되고 있는 빈건물, 폐공장 등의 방치된 건물 이슈와 함께 펜데믹으로 인한 로컬 이슈를 기회로 잡는다면 지자체와 지역으로선 팬데믹의 위기를 오히려 기회 삼을 수 있을 것이다.

SITE : 근대산업의 요람이자 무덤 인천 동일방직 공장

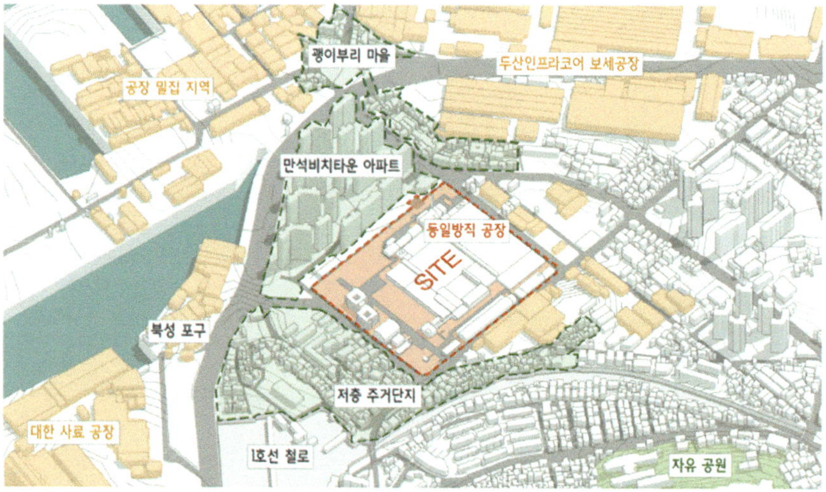

SITE CONTEXT

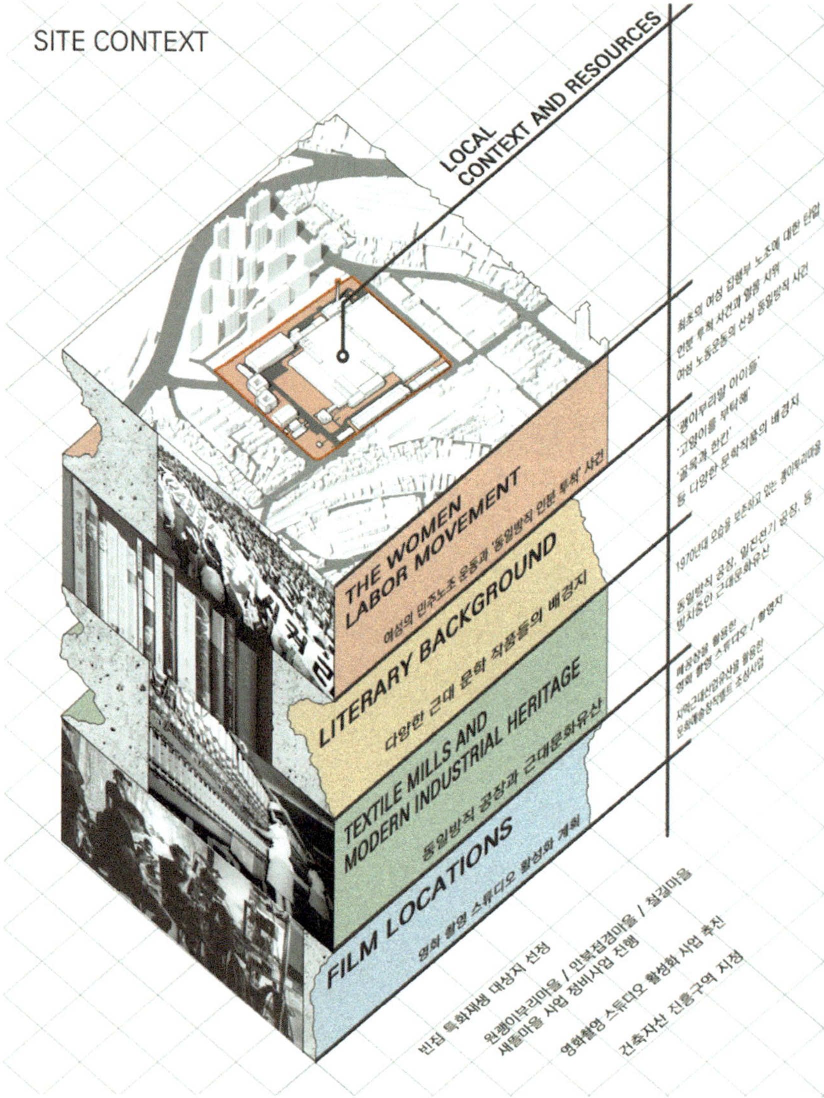

사이트의 위치는 인천광역시 동구 만석동에 위치하고 있으며 이 마을은 산업화 시대에 지어진 공업단지를 중심으로 주거단지가 형성되어 있다. 사이트 중심에 위치한 건물인 동일방직공장은 2016년 이후 가동이 중단된 상태이며 현재는 방치되어 있는 상태이다. 동일방직 내에는 의무동과 여성노동자 숙소동 등 근대건축문화 유산이 남아 있으며 가장 넓은 방직 공장동은 종종 영화 촬영 스튜디오로 사용되는 등 최대한 활용하려는 노력이 있었으나 전체적으로 그 효과는 미비한 상태이다.

CONCEPT : 도시 기억의 문화클러스터 형성

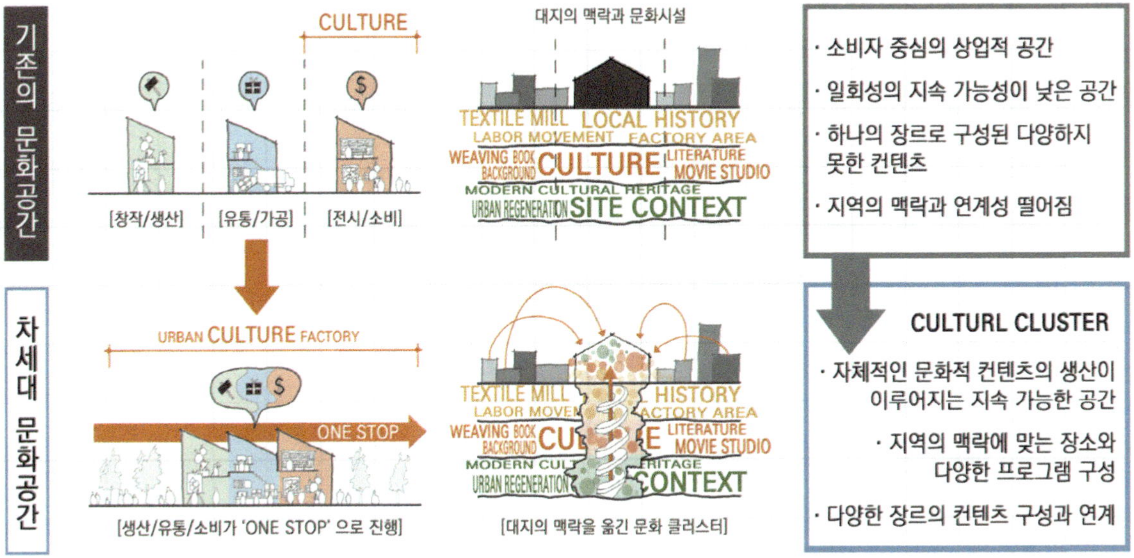

PROGRAM : ONE STOP 구조의 문화 공장 프로그램

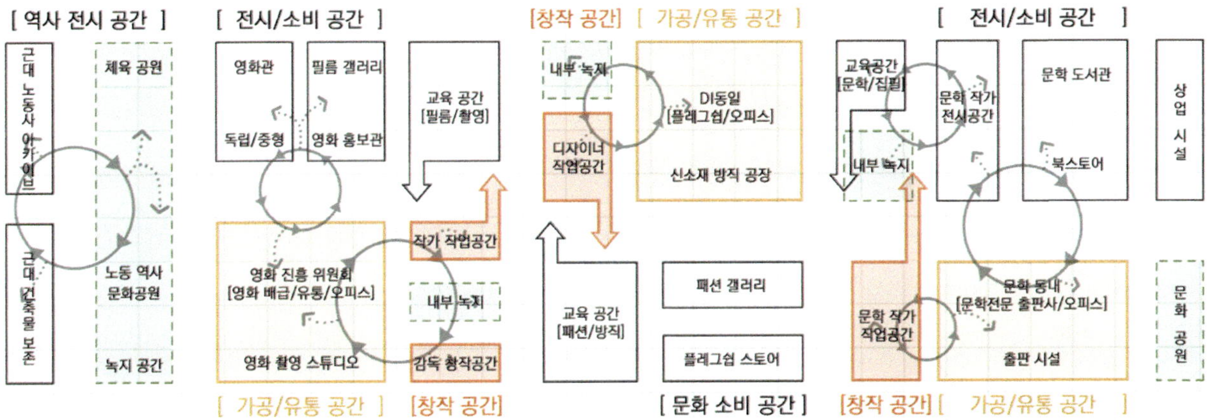

만석동이 가지고 있는 상징 '공장' 과 현재 지역에서 일어나는 문화적인 활동을 기반으로 프로그램을 구성하였다. Literature Factory, Film Factory, Fashion Factory, Incheon Museum of Labor history 총 4가지 팩토리로 구성되어 있으며 각 공장들은 자체적으로 문화컨텐츠를 생산하고 가공하여 방문자들에게 제공하는 방식으로 구성되어 있다. 세부적인 구성을 살펴보면 아티스트들의 창작공간과 작업에 필요한 장비들을 운용할 수 있는 제작공간, 이를 가공하여 유통하는 기업체들을 위한 오피스 공간, 마지막으로 만들어진 문화 컨텐츠를 소비할 수 있는 다양한 샵과 갤러리 도서관 등 소비공간으로 구성되어 있다. 이러한 ONE STOP 방식은 통해 문화 컨텐츠의 제작의 효율성을 극대화 할 뿐만 아니라 서로 교집합이 없던 아티스트들끼리 지역의 문화적 맥락이라는 교집합 아래 뭉쳐 새로운 문화적 작품들이 나올 가능성을 높혀 기존의 문화시설 보다 더 큰 지속가능성을 지닐 수 있다.

DESIGN PROCESS

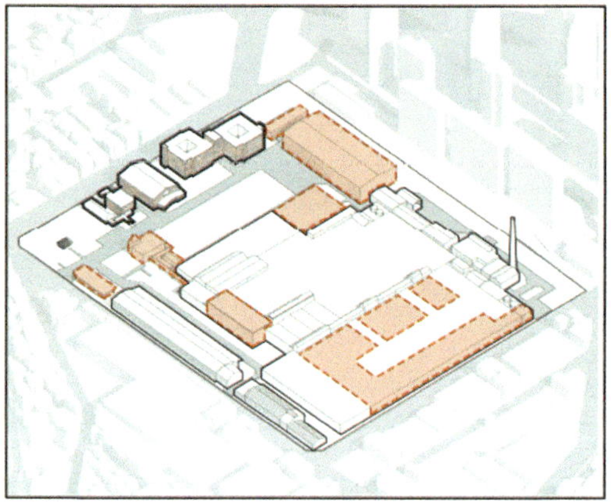

철거 구역 및 보존 구역 지정

기존 공장 도면과 답사 위성사진을 기준으로 너무 낙후되어 철거가 필요한 부분을 지정 철거릴 진행한다. 그리고 근대 건축문화 유산으로 지정된 의료실과 대강당, 여성 기숙사 시설은 원형을 그대로 보존하여 인천 근대문화와 역사를 보존하는 아카이브로 활용한다.

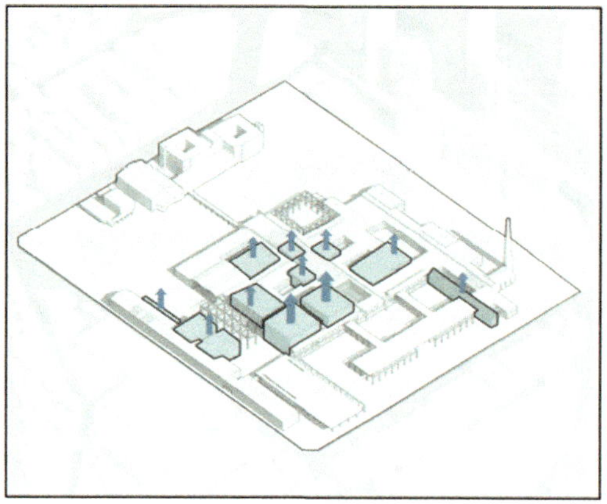

기능에 따른 추가 증축

영화 촬영을 위한 스튜디오는 높은 층고를 필요로 함으로 이를 위해 수직으로 추가 증축 하였다. 또한 영화관, 독립 영화관 등의 추가적인 프로그램을 위해 mass를 끼워 넣는 방식으로 추가 증축하였다.

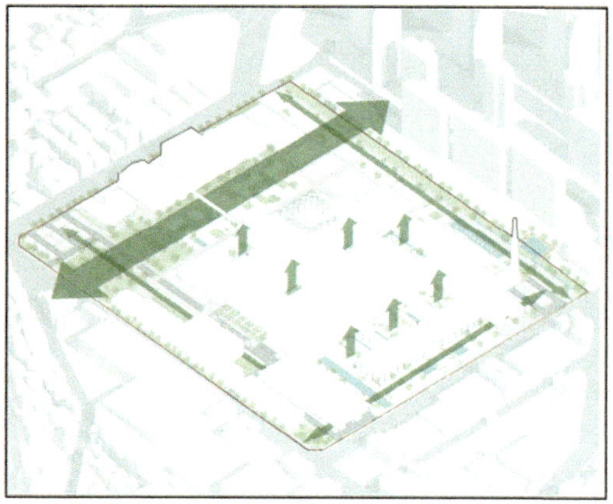

진입로 축을 이용한 녹지 형성과 중정

기존의 공지와 철거로 만들어진 공터를 활용하여 녹지축을 구성한다. 녹지는 크게 야외공연장과 기존 골조를 파빌리온의 형태로 남긴 기억의 공원, 체육시설, 워터프론트 공원 등으로 구성된다. 그리고 기존의 공장의 구조상 실내에 빛을 유입이 쉽지기 않기 때문에 중정을 통해 이를 해결한다.

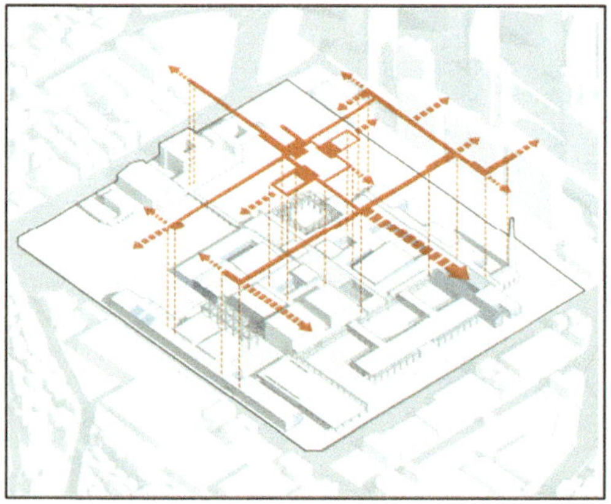

모든 영역을 관통하는 축 형성

창작 공간과 생산/가공 공간 그리고 방문자들을 위한 소비공간 모두를 관통하는 축을 형성하여 물리적 거리감과 경계를 흐리게 한다. 이를 통해 방문자들은 기존의 문화공간에서 체험하지 못하는 영역을 간접적으로 체험 할 수 있고 창작공간의 아티스트들과 생산/가공 공간의 기술자들은 서로가 서로에게 영향을 주며 창의적인 작품 활동을 가능하게 한다.

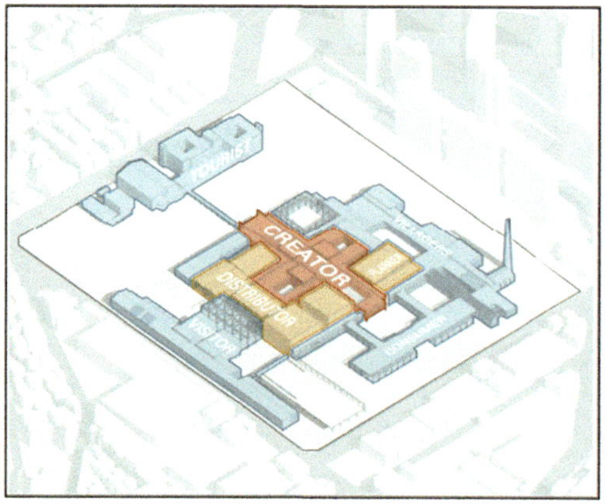

생산 / 가공 / 공급을 위한 공간구성

중앙으로 갈 수록 생산자들의 프라이빗한 영역, 외부로 퍼져 나갈 수록 전시나 공연 등 퍼블릭한 영역이 오도록 구성 하였다. 어느정도의 프라이버시가 보장된 가운데 완전 막혀 있지 않은 유기적인 공간을 통해 서로에게 새로운 경험을 할 수 있도록 하였다.

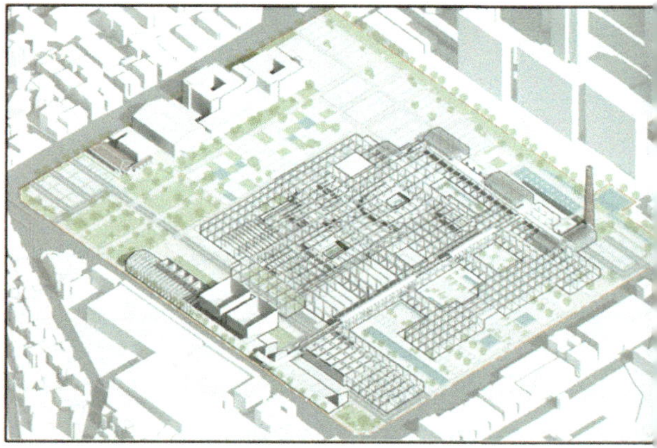

기존 건물의 활용과 구조적 보강

대부분이 RC구조로 이루어져 있으며 일부분은 박공지붕의 철골구조로 이루어져 있다. 오랜 방치되어 일부 철거를 진행하는 부분 외에는 기존의 RC구조와 철골구조를 그대로 활용 디자인을 진행하였다. 증축이나 구조적인 보수가 필요한 부분들은 철골조로 보 진행하였으며 특히 대공간으로 구성된 중앙의 통로 광장의 경우 기둥을 제거한 후 활호 이용한 철골 프레임으로 구조로 보강을 진행하였다.

도면제공: www.kimoondang.com에서 다운로드 받을 수 있습니다.

OMETRIC PLAN

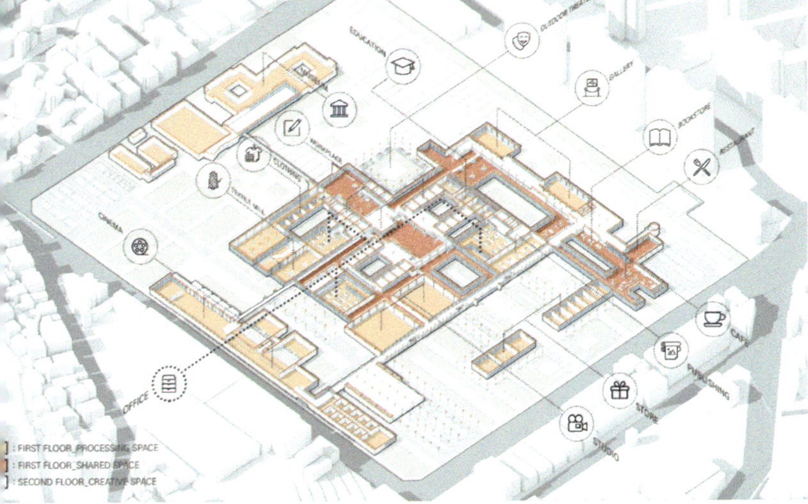

GROUND FLOOR PLAN

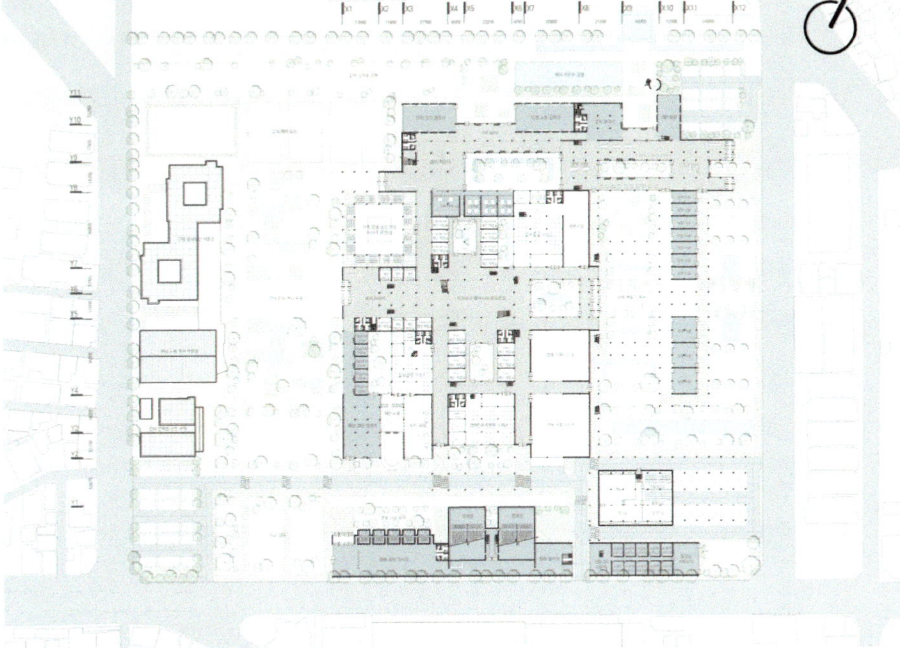

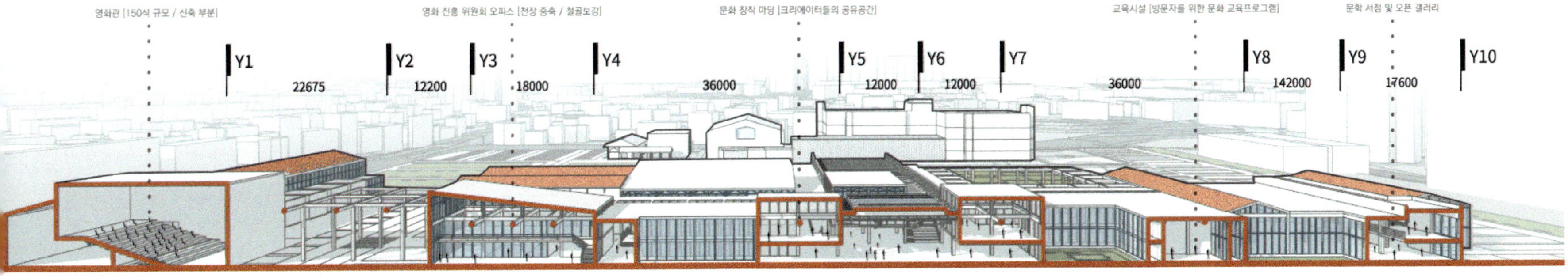

Botanical Machine

[서울과학기술대학교 건축학과 5학년 김 라 영]

현재 코로나 바이러스로 인해 잠시 잊고 있었던 대기오염은 도시의 심각한 문제이다. 특히 미세먼지는 인간의 몸속에 쌓여 만성질환을 일으킬 위험성을 가지고 있다. 이러한 환경문제로 맑은 공기에 대한 선호가 늘었으며, 식물과 결합한 다양한 유형의 건물이 새롭게 등장하고 있다.

그렇다면 식물을 중점적으로 다루고 있는 식물원은 이러한 환경 변화에 어떻게 대응해야 하는가? 단순히 전시 위주의 공공시설이 아닌, 적극적으로 환경문제를 해결하는 기계가 될 수 있다는 생각이 이 프로젝트의 출발점이다.

[이용주 교수]

환경 문제가 점차 심각해지는 상황에서 본 프로젝트는 건축의 일반적인 접근법에 비해 보다 적극적인 태도를 취하고 있다. 현재의 친환경 건축은 궁극적으로 만들어내는 오염물질이 없는 탄소제로를 목표로 한다. 그에 반해 이 프로젝트는 미래에 공기오염이 더욱 악화된다는 설정을 가지고 주변의 공기를 깨끗하게 하는 거대한 공기청정기 역할의 건축물을 제시하고 있다. 거대한 규모의 필터 역할을 하는 장치가 어떻게 건물의 스케일로 작동을 하고 그것이 도시에 어떻게 녹아드는지를 과감한 질문과 해결법으로 제시해보고 있다.

그 메커니즘을 풀어내는 모습을 프로그램으로 적극 끌어들여 경험할 수 있는 공간화했다. 마치 공장과도 같은 다양한 설비들이 내부 프로그램과 엮이며 방문객에게 새로운 공간을 제시하고 저층부의 거대한 도심 식물원이 이를 돕는다. 다소 과장될 수 있는 내용을 현실의 다양한 방법론과 연계하여 재미있게 풀어냄과 동시에 건축이 할 수 있는 영역의 확장을 보여준다.

BOTANICAL MACHINE

Using vapor as a mechanical element to capture fine dust

'BOTANICAL' GARDEN

영국이 고무나무를 브라질에서 훔쳐 오는 등 국가적인 유전자원 쟁탈전이 전개며 유전자은행 역할을 하는 학술적인 시설

영국 큐 식물원을 시작으로 식물을 재배보존하고 표본류를 축적보존하면서 정원처럼 여기고 사용할 수 있는 연구시설

온실을 중심으로 식물을 구경하며 쉴 수 있는 공원의 역할

식물원이 단순히 전시 위주의 공공시설이 아닌, 적극적으로 환경문제를 해결하는 기계가 될 수 있다는 생각이 이 프로젝트의 출발점이다.

AIR PULIFICATION MACHINE

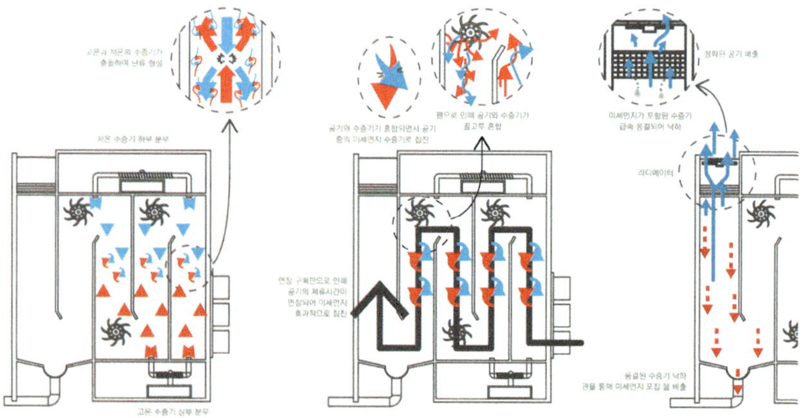

SUGGESTION

수증기를 이용한 포집방법에서 가장 핵심은 수증기가 물이 되는 과정에서 나타난다. 이러한 기계적 프로세스에 기초하여 프로그램과 구조, 공간을 구성하려 한다.

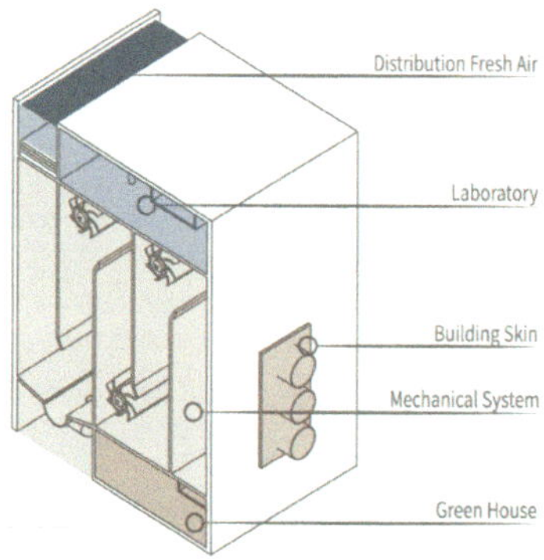

SITE PLAN

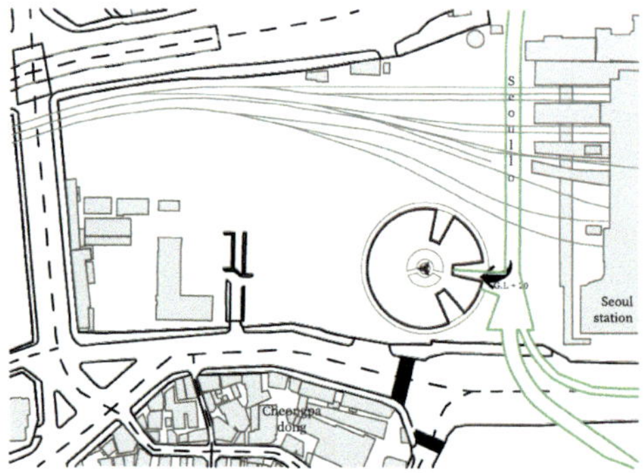

식물원은 주로 공원과 인접해 있거나 수목원의 일부로 존재한다. 이 건물도 마찬가지로 서울로라는 공중공원과 이어져 사람들의 자연스러운 유입을 이끈다. 또한 공원근처의 미세먼지를 흡수해 맑은공기를 배출하여 교통량과 유동인구가 많은 사이트의 공공성에 기여한다.

STEP2. MECHANICAL SYSTEM

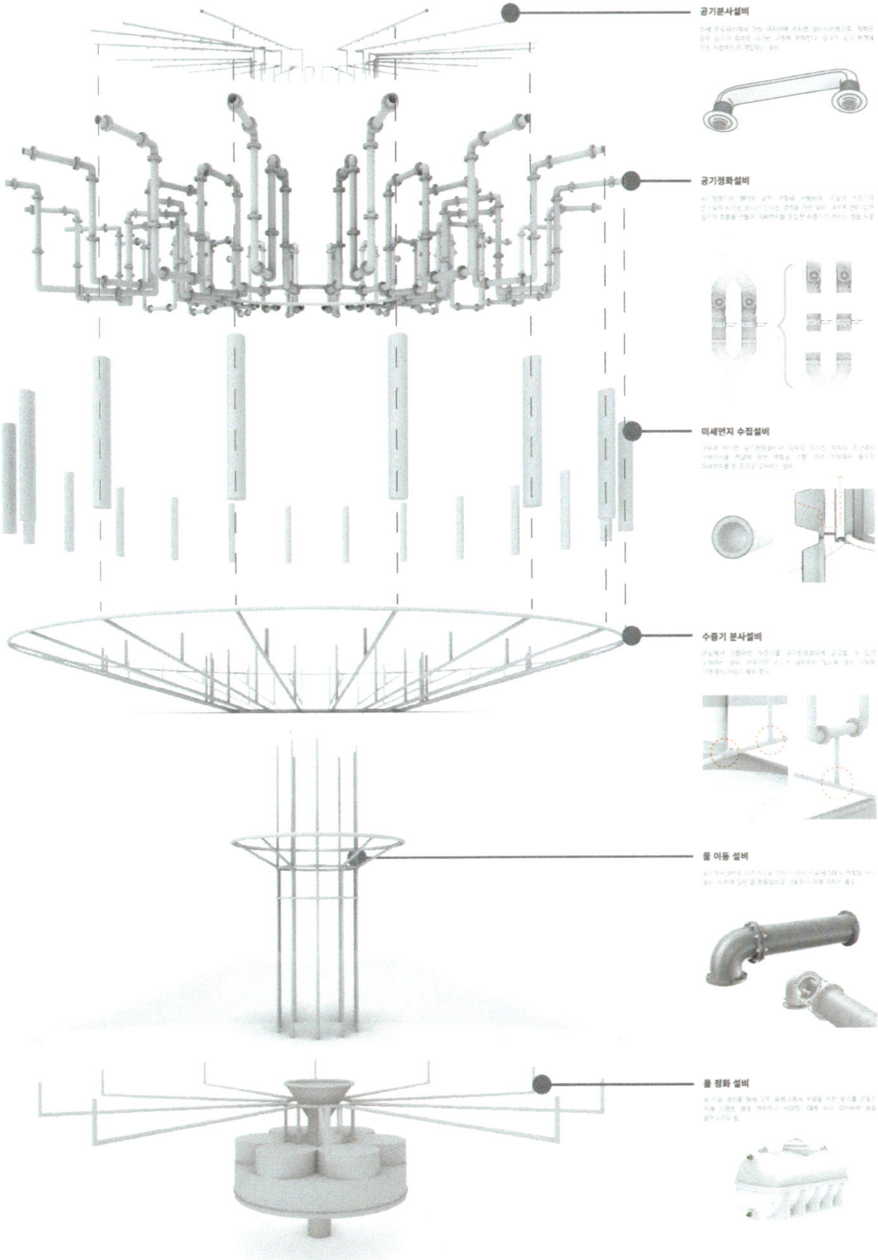

PLAN DIAGRAM

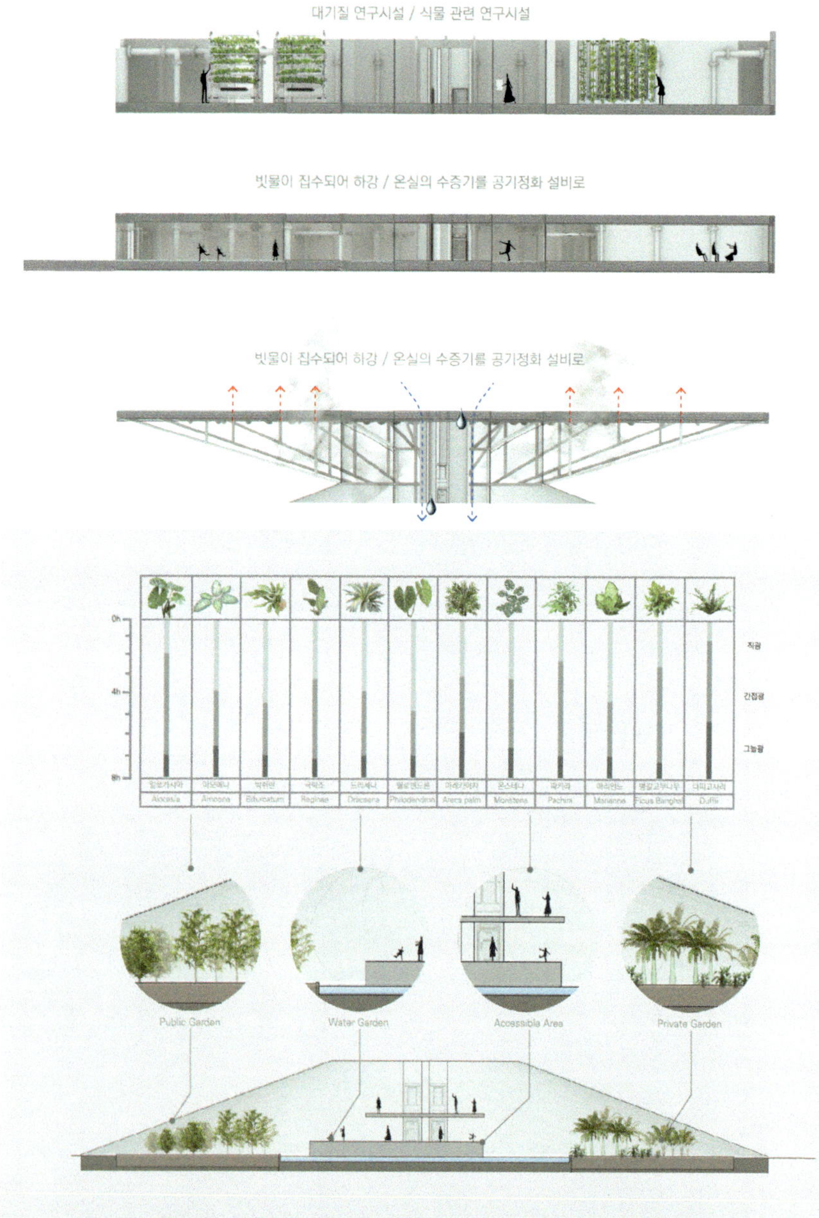

ISOMETRIC DIAGRAM

이 건물은 크게 3개의 프로그램으로 구성되어 있다. 가장 저층부에는 온실이 위치하고 온실은 수증기의 생산과 배출을 위해 대단히 폐쇄적으로 계획하였다. 온실의 상층은 수증기가 공기정화 프로세스로 진입하기 위해 필요한 설비들과 물의 정화를 위해 필요한 설비들이 교차되는 층이다. 메인 진입구는 서울로에서 진입할 수 있고, 이 층에는 다양한 문화시설이 위치한다. 가장 상층부는 대기오염과 식물과 관련된 연구실이 위치한다

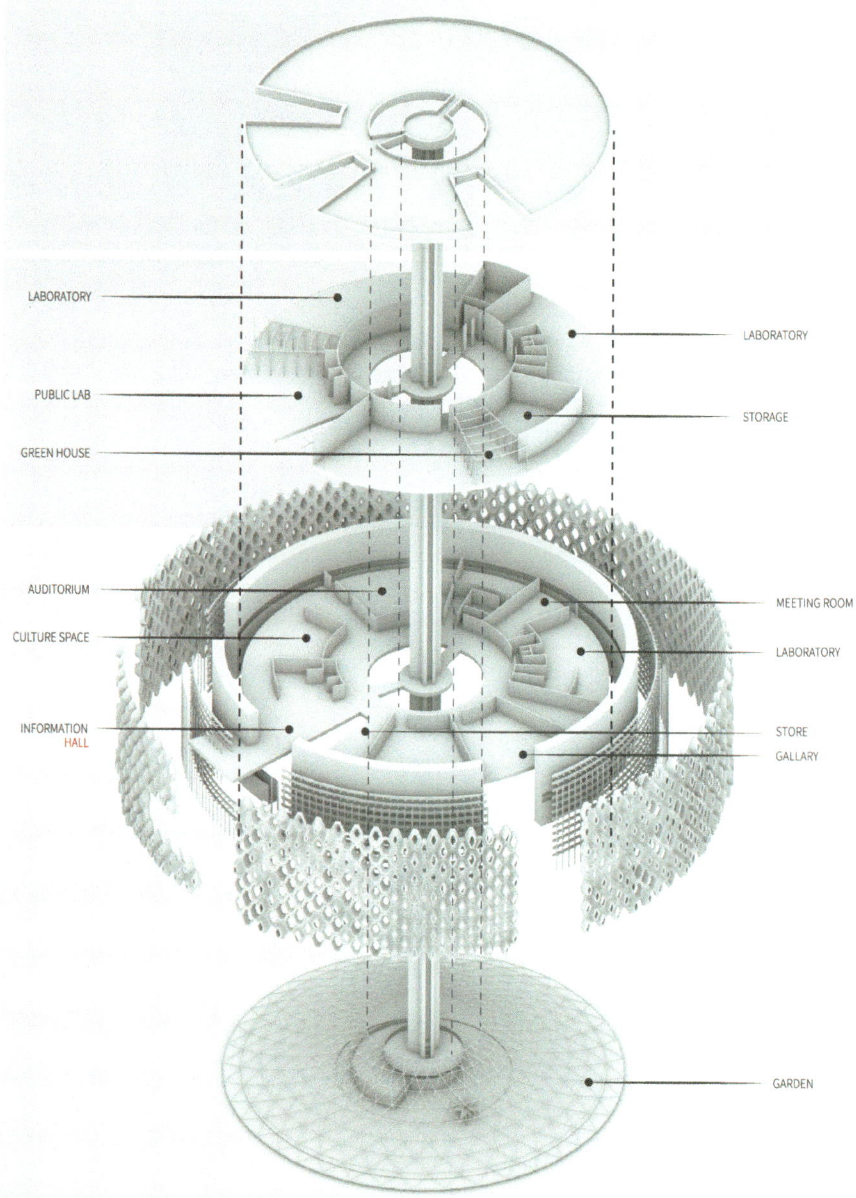

STEP3. DETAIL PROCESS_SKIN

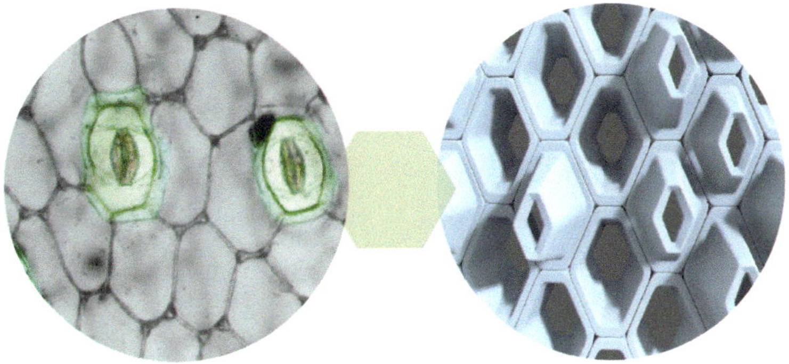

외부 대기를 정화하기 위해서 입면의 디자인은 매우 중요하다. 먼저 재료대비 접촉면적을 가장 넓힐 수 있는 구조로 육각형을 채택했다. 또한 식물의 기공과 비슷한 원리로 외부 미세먼지의 농도에 따라 입면이 움직일 수 있도록 계획하였다.

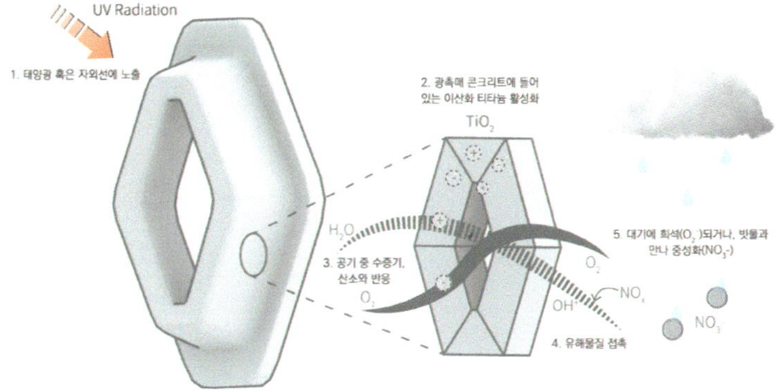

외피를 이루는 재료는 '광촉매 콘크리트'로 자외선에 노출되면 도식화 된 화학절차에 따라 공기정화 프로세스를 극대화시켰다. 이 재료는 현재 도로구조물에 적용되고 있는 상황이며, 점차 상용화 될 것으로 전망한다.

STEP3. DETAIL PROCESS

외부에서 들어온 미세먼지는 실내 설비시스템에 따라 정화되며 정화된 맑은 공기는 실내에 공급된다. 또한 서울로에도 영향을 끼쳐 도시의 공공성에도 기여한다.

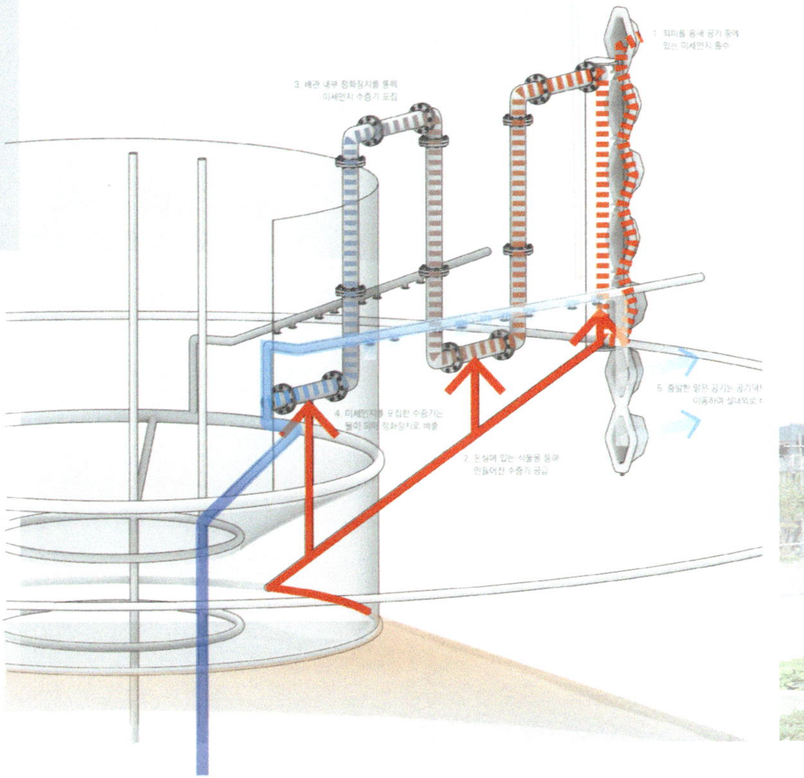

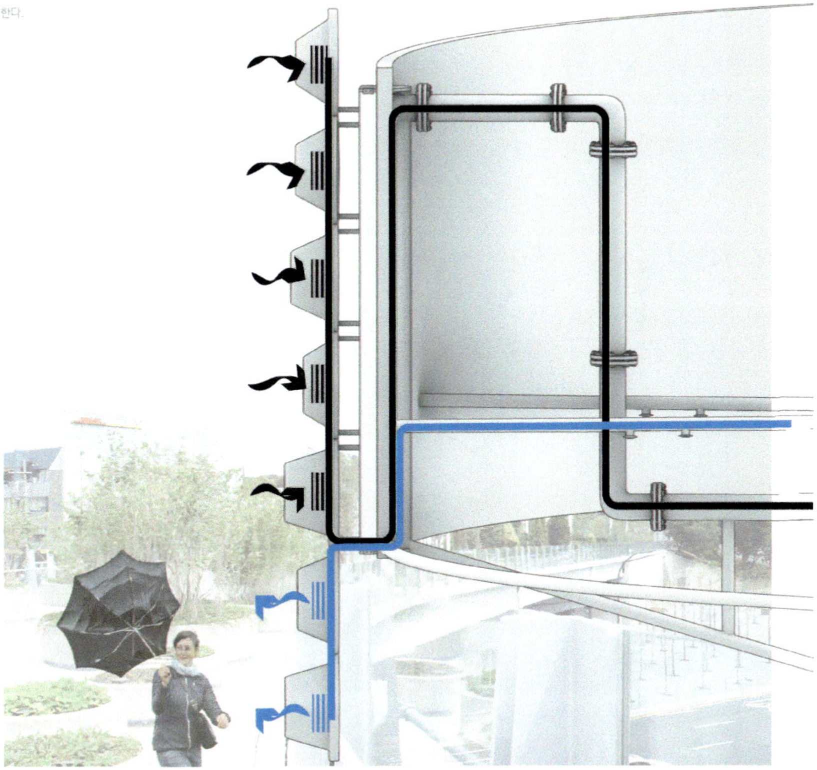

쪽방촌

[서울시립대학교 건축학과 5학년 김 하 은]

가난한 자들의 마지막 주거지인 쪽방. 노숙의 직전, 피난처인 쪽방은 없어져야 하는 곳일까? 최소한의 주거기능조차 못하지만 쪽방촌 주민들은 커뮤니티를 형성하고 서로를 의지하며 살아간다. 쪽방을 노숙을 막는 도시의 사회적인 자본으로 바라보고 그 기능을 유지하고자 한다. 쪽방촌 주민이 쫓겨나지 않고 협력하는 도시개발의 새로운 모델을 제안하며 최빈곤층을 위한 최소한의 면적에서 공간과 환경을 개선한다. 돈의동 쪽방촌의 구성요소인 '쪽방, 공공, 골목 공간' 이 3부분에서 개선이 이루어지도록 한다. 첫 번째, 쪽방은 기존의 밀도 유지를 위해 면적은 기존과 비슷한 최소한의 면적으로 구성한다. 작은 공간을 효율적으로 활용하기 위한 리빙캐비넷을 제안한다. 두 번째로 저층부의 공공개발은 쪽방촌에 필요한 공공프로그램을 필지면적에 맞게 개발 가능하다. 커뮤니티 장으로 이용되던 골목과 더 연결 되도록 한다. 세 번째로 주민들의 사회관계망 형성지인 골목길의 활성화 방안이다. 골목의 가구적 요소와 건물과의 결합을 통해 커뮤니티 활성화, 마을환경을 개선하고자 한다. 이를 통해 쪽방촌의 의미가 유지되고 도시의 공간적 개선을 넘어 쪽방촌에 머물 수밖에 없는 개인의 회복까지도 바라본다.

[김소라 교수]

이 프로젝트는 쪽방촌을 '사회적 자산'으로 인식하는 것에서부터 시작한다. 타인으로부터 감춰지고 사라져야 할 빈민촌이 아닌, 사회의 최하단으로 몰린 사람들을 노숙으로부터 보호해주는 사회적 안전장치와 그 속의 공동체적 삶의 가치에 주목한 프로젝트이다. 우리는 흔히 사회적 이슈 앞에서 건축의 문제가 아니라는 섣부른 판단으로 전문가로서의 책무를 외면하기도 한다. 그러나 '쪽방촌'은 이러한 편견에서 벗어나, 서울 한복판 개발의 압력 속에서도 여전히 작동하고 있는 돈의문 쪽방촌의 여러 경제 사회적 원리와 정책, 법규적 측면을 내밀히 살피고 이를 건축적이고 실천적인 방안으로 제시한다. 현재의 밀도를 유지한 소규모 필지단위의 충진식 개발에서부터, 부분 리모델링, 골목길 사용방식에 이르기까지 다양한 주체별 개발 방식을 제공한다. 주거민 스스로, 혹은 함께 설치할 수 있는 쉬운 공법과 디테일, 사용자가 개별화하여 주인의식을 고취할 수 있는 공간요소, 공실이 발생하거나 수요가 달라질 때를 대비한 주거유닛의 유연성, 사회적 교류를 강화할 수 있는 작은 도시적 장치에 이르기까지 '쪽방촌' 프로젝트는 건축이 사회를 향해 선언하는 공공적 역할을 보여준 매우 훌륭한 수작이다.

쪽방촌

JJOCKBANG-CHEON

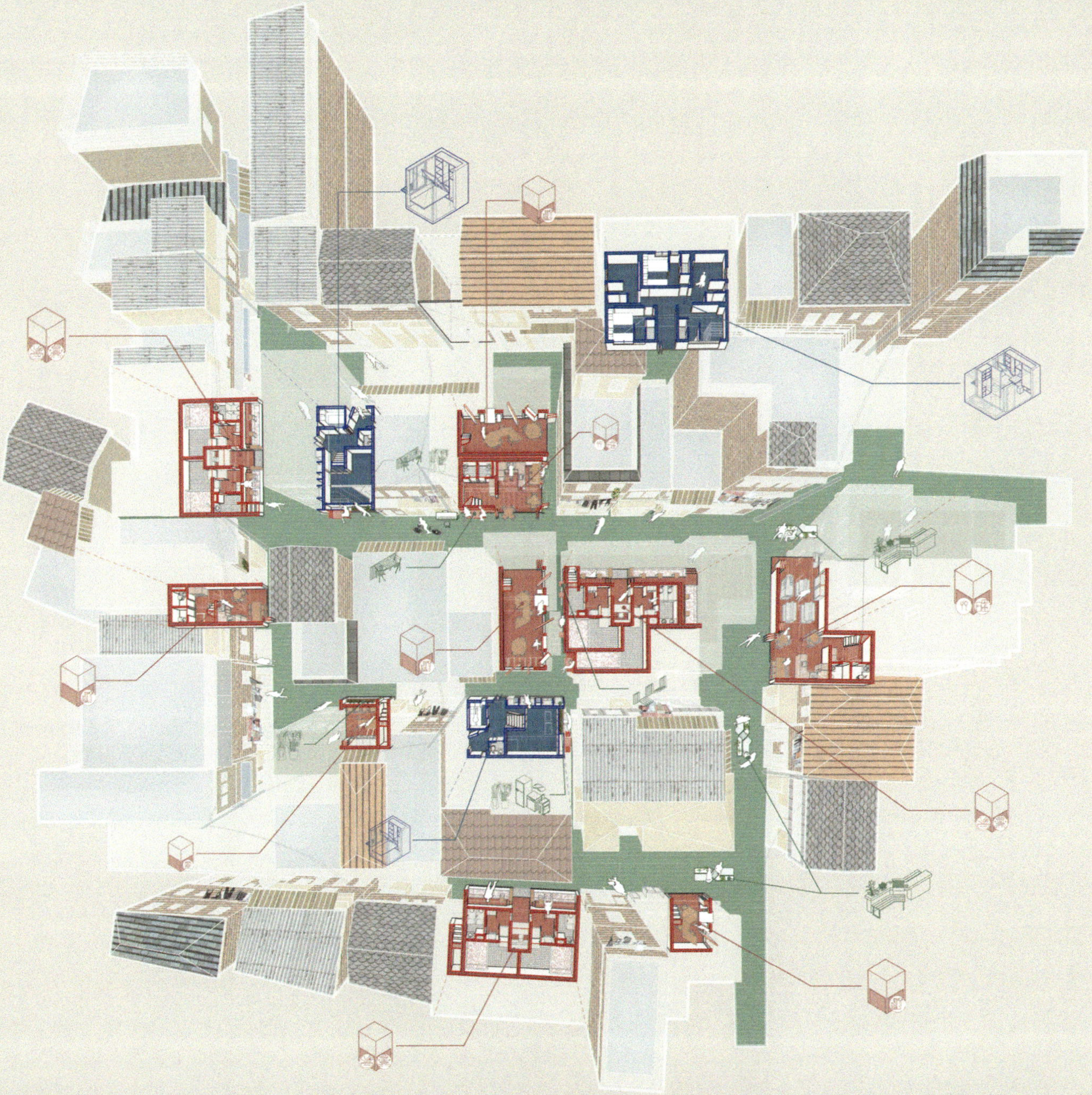

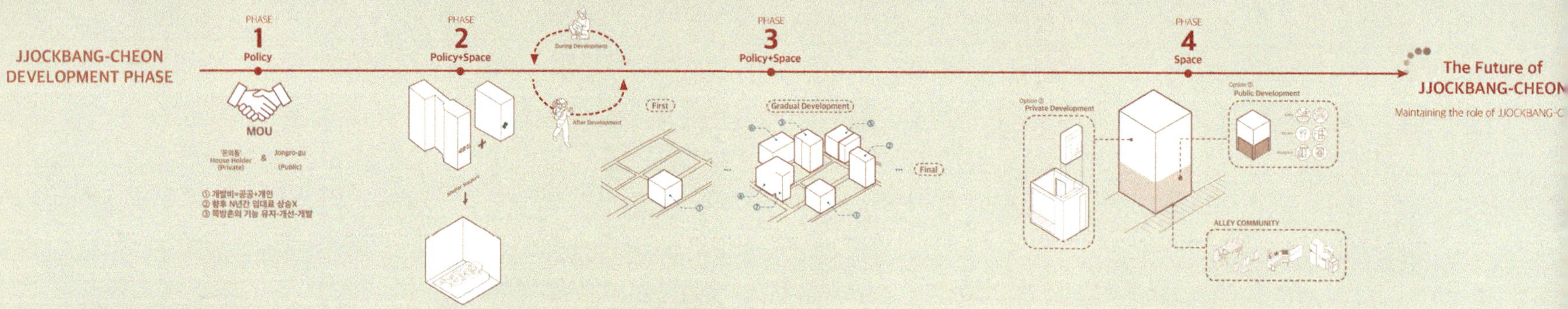

쪽방
JJOCKBANG

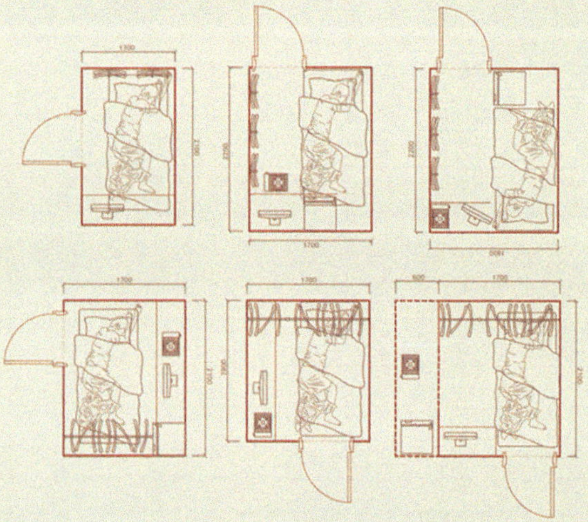

주거 필수시설
Residential Essentials

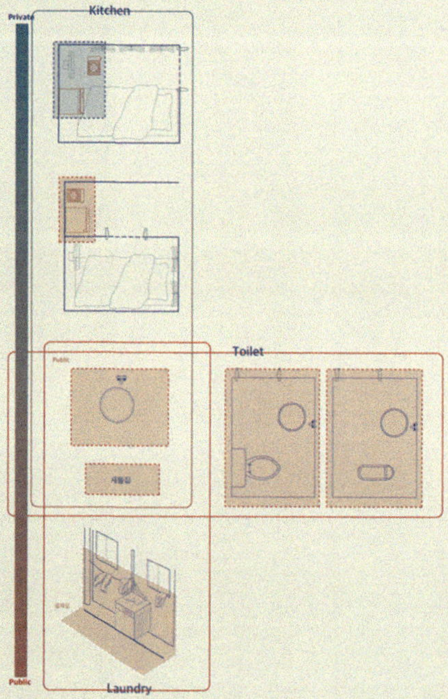

골목길 사용법
How to Use Alley Roads

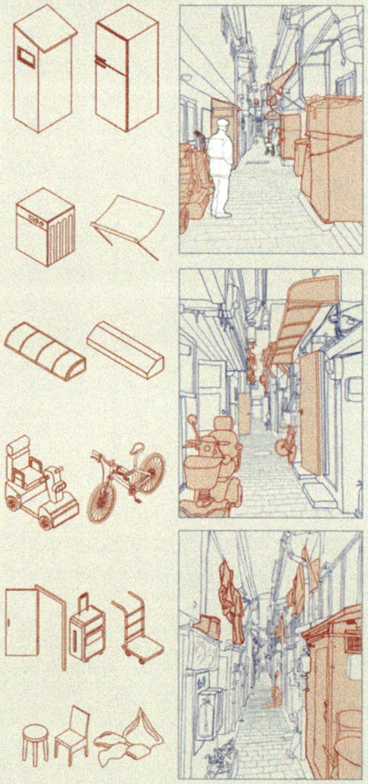

도면제공: www.kimoondang.com에서 다운로드 받을 수 있습니다.

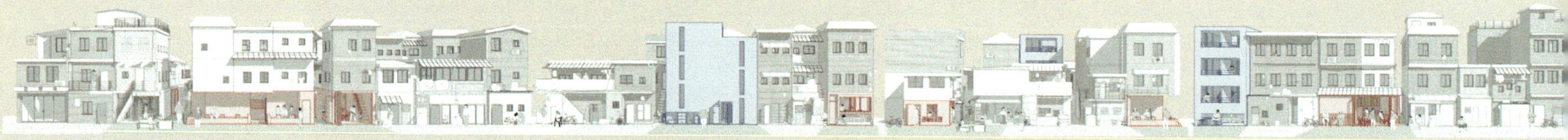

OPTION 1

PRIVATE DEVELOPMENT
JJOCKBANG

쪽방으로 세를 내는 건물로 개발을 원할 경우, 기존 쪽방건물의 환경을 개선한다. 기존 필지에 있던 쪽방의 개수를 최대한으로 유지하는 1:1 개발방식을 목표로 하며, 개발 시 공사비의 30%는 공공에서 지원해주며 나머지 개선 공사비는 연 1%로 대출 가능하도록 한다.

Living Cabinet

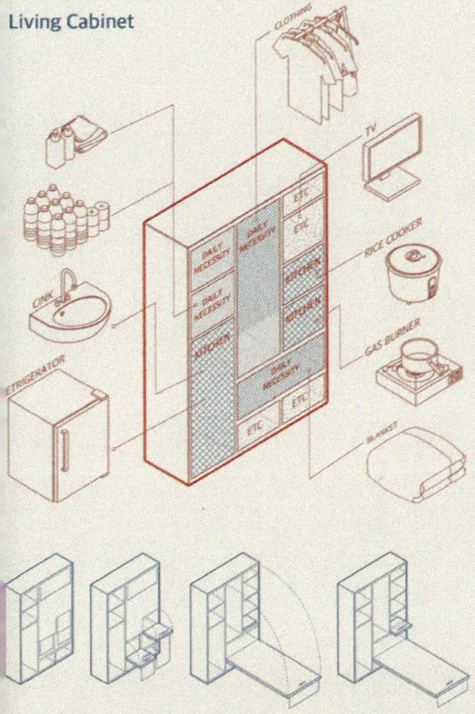

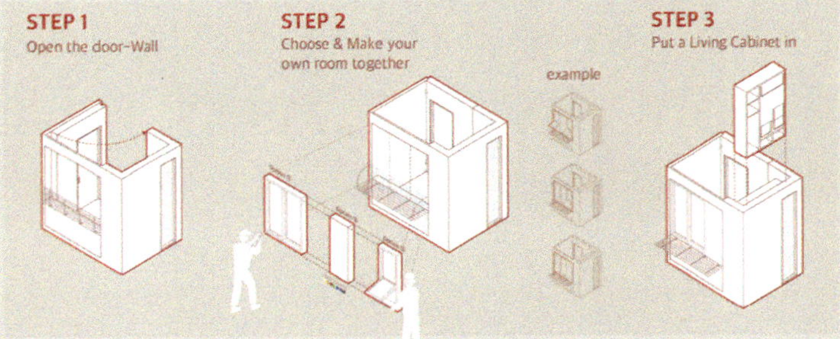

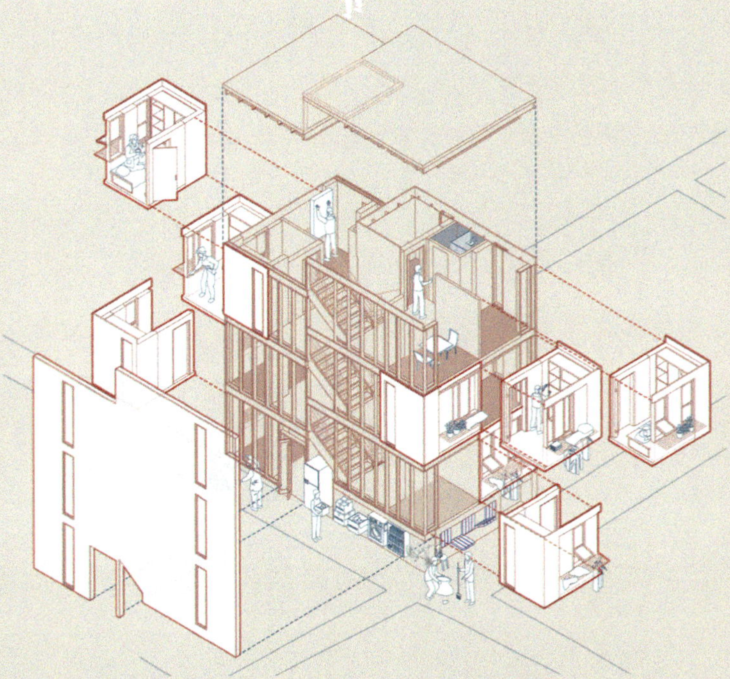

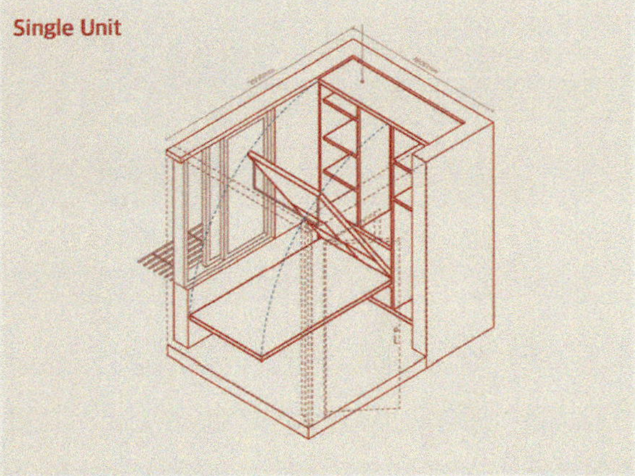

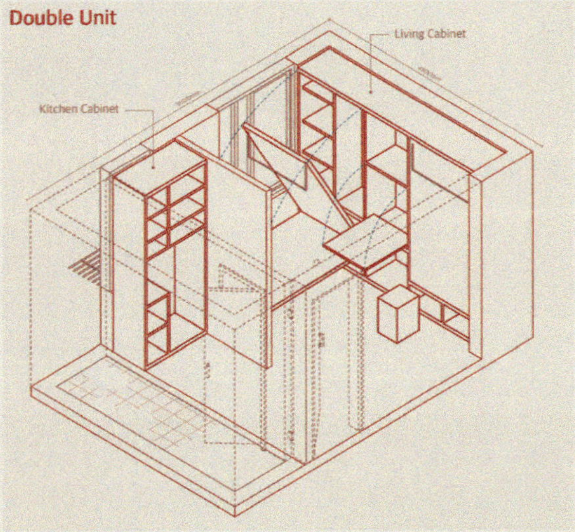

OPTION 2

PUBLIC DEVELOPMENT
GROUND FLOOR

건물의 저층부를 공공에 임대하여 쪽방촌 전체 환경을 개선한다.
목욕탕과 공유주방, 작업실 등 공공의 용도로 사용하며 저층부 개발비는 공공에서 지원하고, 임대료를 지불한다. 공공의 용도는 기존 건물의 필지에 따라 선택 할 수 있다.

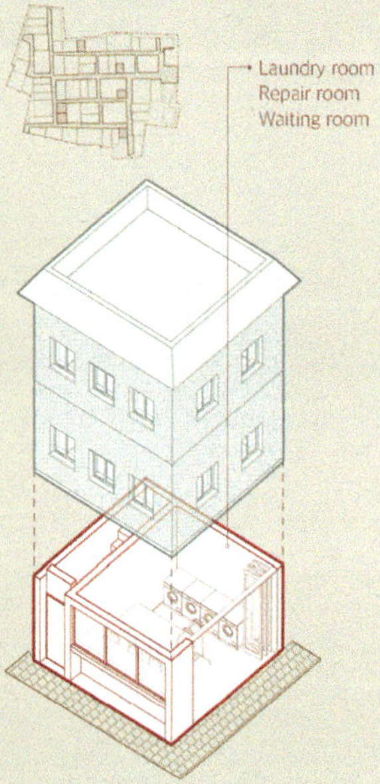

Type 1
세탁소
Laundry

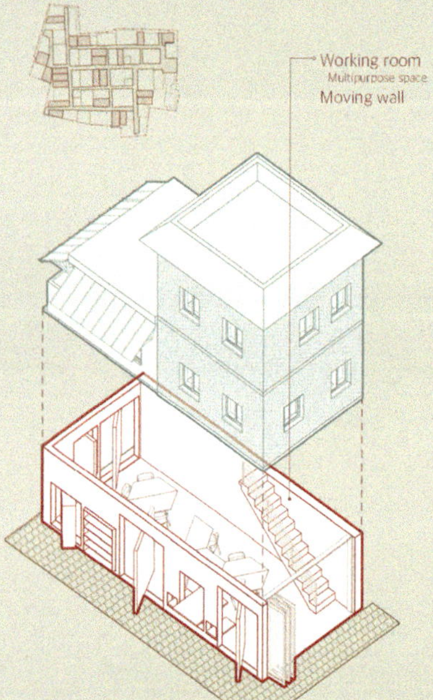

Type 2
공동 작업장
Collaboration Space

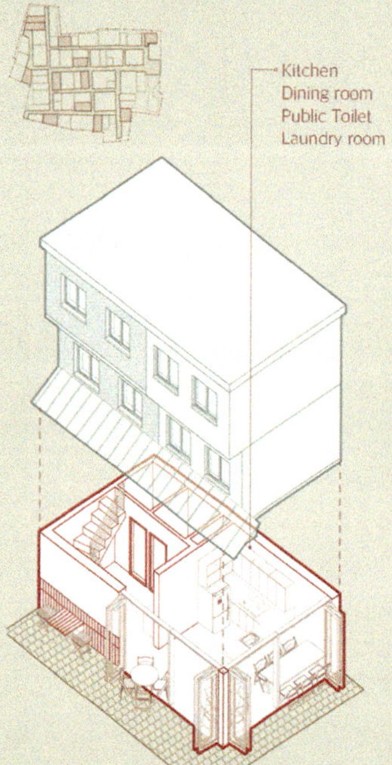

Type 3
공유주방
Shared Kitchen

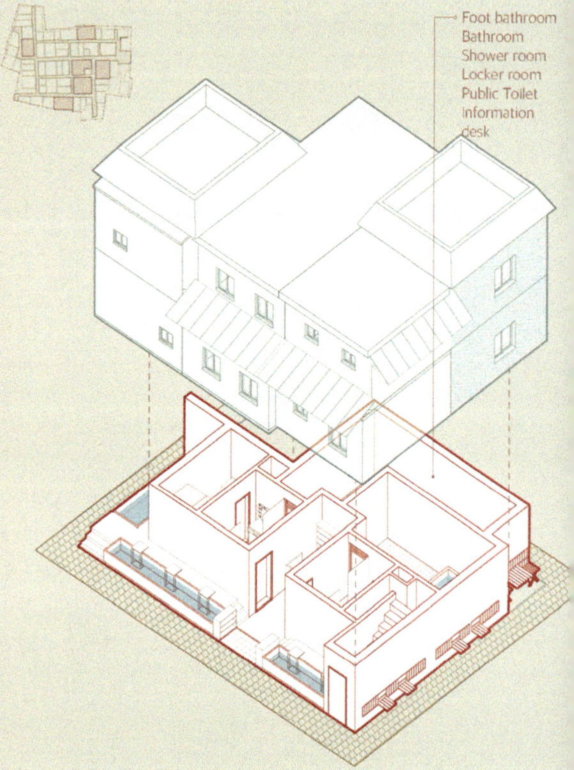

Type 4
목욕탕
bathhouse

ALLEY ENVIRONMENT DEVELOPMENT
ALLEY COMMUNITY

존 쪽방촌의 골목길을 폭에 따라 다양한 커뮤니티 캐비넷을 제안하며 수납과 커뮤니티 공간
로의 역할을 확대할 수 있는 디자인을 제안한다.

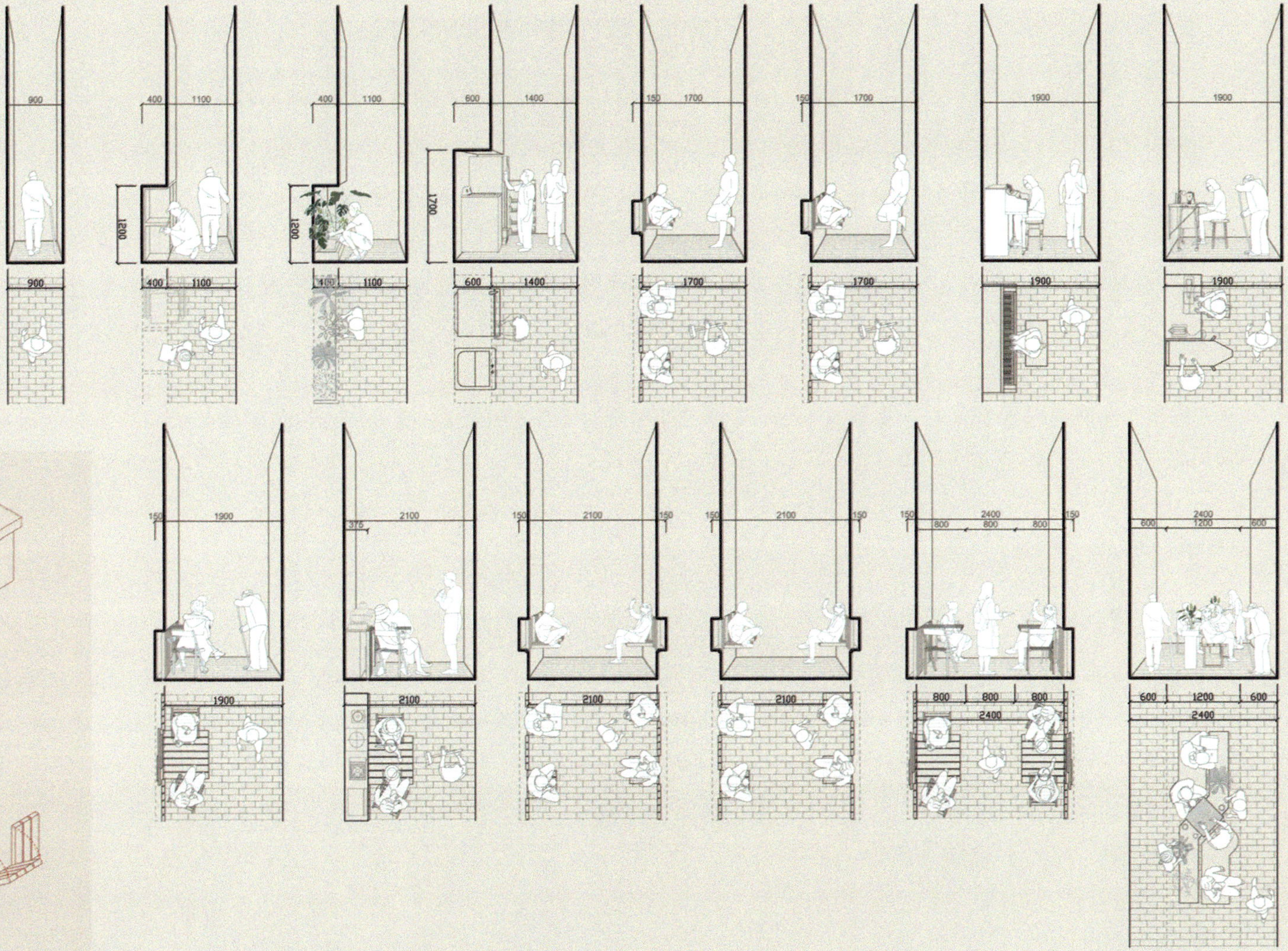

Community Cabinet

Unveil the Olympic

[홍익대학교 건축학과 5학년 김 형 준]

대화합의 88올림픽 이후 일상으로 돌아간 한국은 자본주의적 흔적들이 올림픽 진앙지에 남게 된다. 상가의 지상층 내부는 점포들만 잔류하고 주변 광장은 자동차, 기계의 휴식공간으로 전락하며 자본주의적 디스토피아를 형상화한다. 유일한 보행자의 도피처인 성내천은 도시 지하에 연접하며, 지상에서는 깊은 낭떠러지로써 도시적 경계를 더 짓누를 뿐이다.

이에 올림픽프라자상가가 방사형 도시적 선순환을 형성하는 구심점으로서 재기능하고자 한다. 이는 프라자상가를 기준으로 지상층의 과포화 현상과 지하층의 도시 재생 가능성이 맞물리는 시점에 방사형 지하 도시를 통해 해결이 가능해진다. 도시의 지하에 기능이 무실한 아파트 지하 창고, 프라자 지하주차장, 올림픽 광장 등은 리노베이션의 당위성을 가지며, 지하철과 성내천은 도시적 유입 가능성을 내포한다. 이러한 실험적 제안은 생각보다 합리적인 도시 공간을 가지며, 동시에 올림픽 도시가 겪은 시대적 가치와 문제들을 재정리할 수 있는 기회가 주어진다.

[차광호 교수]

본 프로젝트는 현재 서울의 아파트 재개발, 재건축 사업과 움직임들에 대응하는 학생으로써의 신선한 아이디어를 제공한다. 가까운 미래에 부동산 가치의 변화가 생길 경우, 선진화될 사회문화적 수요에 응답할 수 있는 공간적 대안을 제시하고 있는 작품이다.

설계안은 이전, 대수선, 신축, 용도변경 등 다양한 건축행위를 통해 역사적으로 쌓인 문제들을 이해하고, 그 과정에서의 가치를 재발굴한다. 특히, 1988년 올림픽 유치를 바탕으로 하는 당시의 정치사회적 상황을 풍자적으로 분석하며, 자칫 지루할 수 있는 주제를 본인만의 색깔로 정리하였고, 이에 부합하는 미래적 대안으로써 색다른 지하공간의 확장이라는 방법을 선택하고 개발하는 과정이 매우 인상적이었다.

현 도시적 문제뿐 아니라 과거의 묵혀있던 이야기들을 현대적으로 풀어내는 작업이 심층적이라고 하겠다. 마스터 플랜이라는 큰 영역을 다루며 상세한 부분의 공간적 디테일도 놓치지 않는 섬세함이 돋보이는 작품이다.

Unveil the Olympic

Underground Urban Sequence

The Olympic Plaza was a venue for democratic movements and harmony in dictatorship in 1988. After the event, The Olympic Plaza, viewed again with its urban context, is forming a capitalist dystopia. Based on the first floor of the Olympic Plaza, the interior is full of stores, and the city is oversaturated with numerous vehicles. The only pedestrian population, Seong-Rae River is connected to the underground level of the Olympic Plaza, which is read as an endless cliff.

At this point, I suggest to discuss the values and problems of the peridoic tasks that have been accumulated so far, while re-functioning the radial infinite urban scenario centered on the Olympic Plaza. In this place, which has been an urban hub for people around the world, we hope to achieve urban harmony again in 2030.

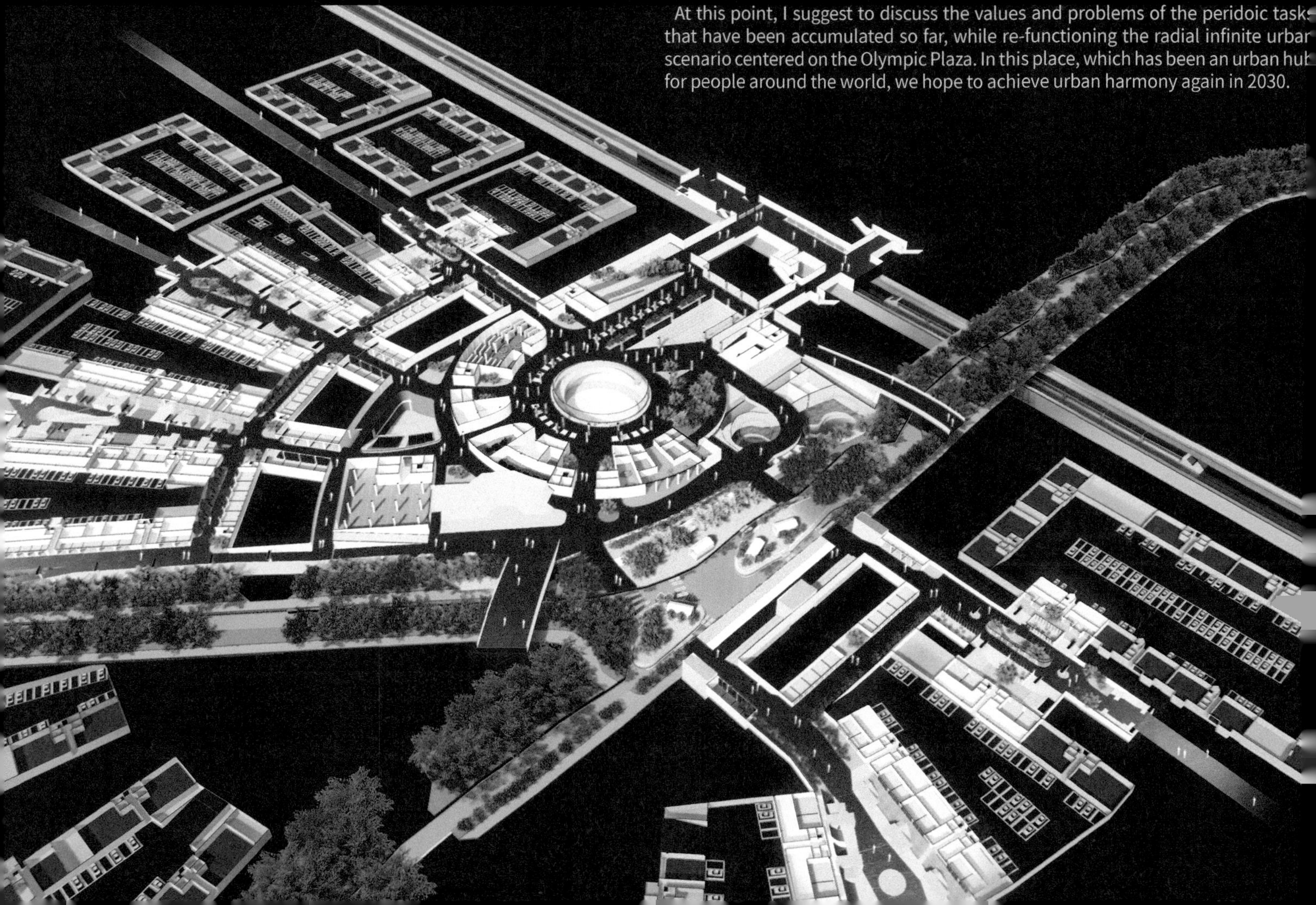

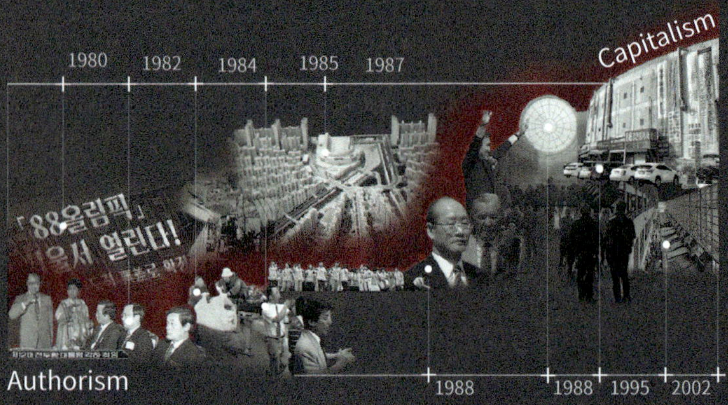
Capitalism
1980
1982
1984
1985
1987
「88올림픽」
Authorism
1988
1988
1995
2002

1988
2000
2030

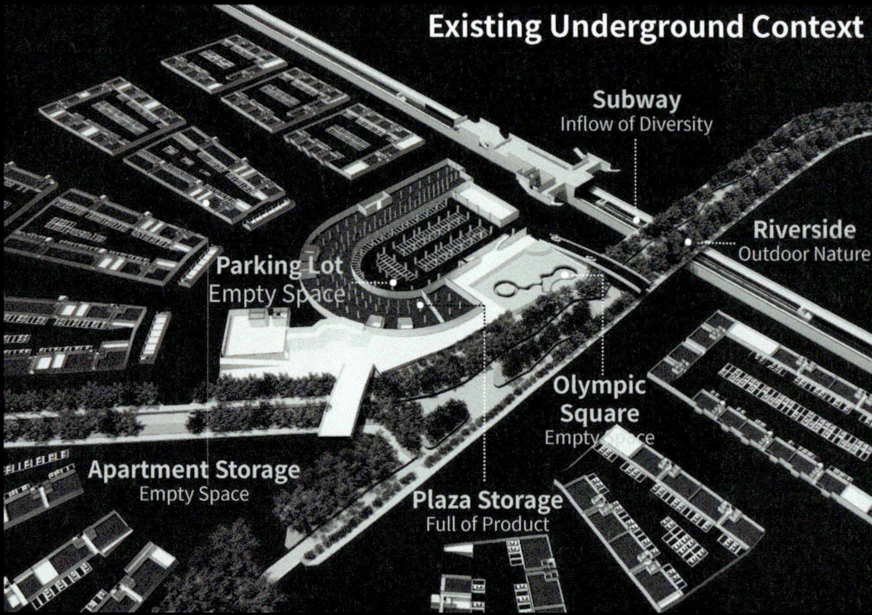
Existing Underground Context
Subway
Inflow of Diversity
Riverside
Outdoor Nature
Parking Lot
Empty Space
Olympic Square
Empty Space
Apartment Storage
Empty Space
Plaza Storage
Full of Product

180' Rotated View

UNDERGROUND MASTERPLAN

1 SKATE HALL
2 LOCAL FORUM
3 SAUNA & SPA
4 KINDERGARDEN
5 WATER PLAYGROUND
6 RIVER PLAZA
7 MENTORING ROOM
8 NATURE PLAZA
9 FITNESS
10 AUDITORIUM
11 LIBRARY
12 ARCADE VALLEY TO SUBWAY
13 ARCADE VALLEY TO B1F
14 LINEAR SPACE ; CHIT CHAT
15 LINEAR SPACE ; AFTER SCHOOL
16 LINEAR SPACE ; ANOTHER NATUREWALK
17 ELEVATED WALKWAY
18 BRIDGE TO EAST VILLAGE
19 OLYMPIC PARK STATION

Program Re-band

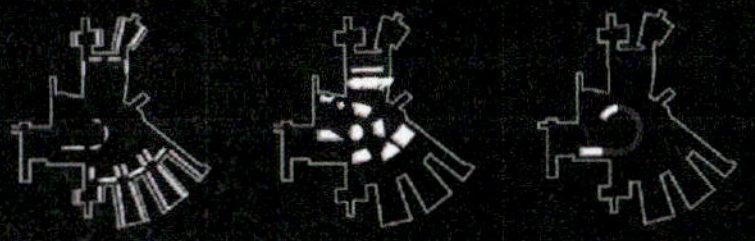

Commercial Street | Condensed Cultural Space | Arcade Valley

Urban Function

Access & Circulation | Natural Light | Vertical Core & Evacuation

0. Existing Underground Context

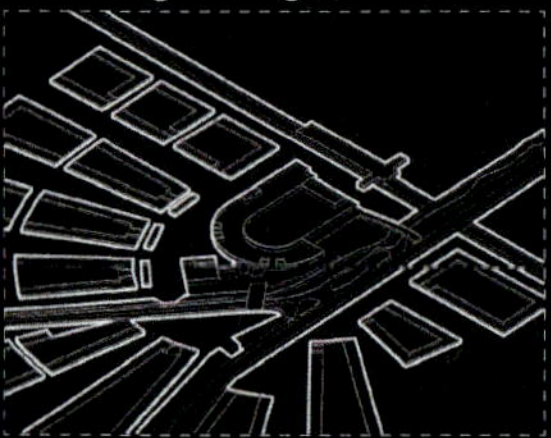

1. Relocation of Plaza Store

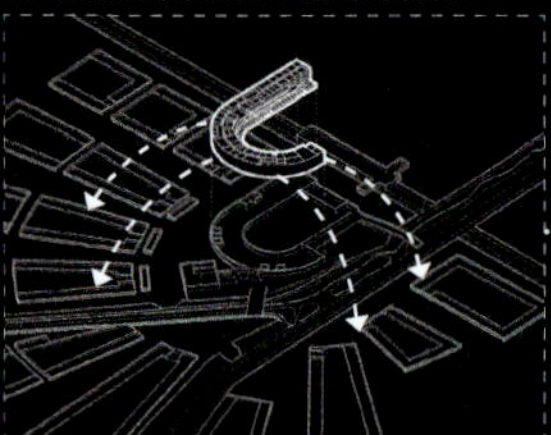

2. Renovated Commercial Store

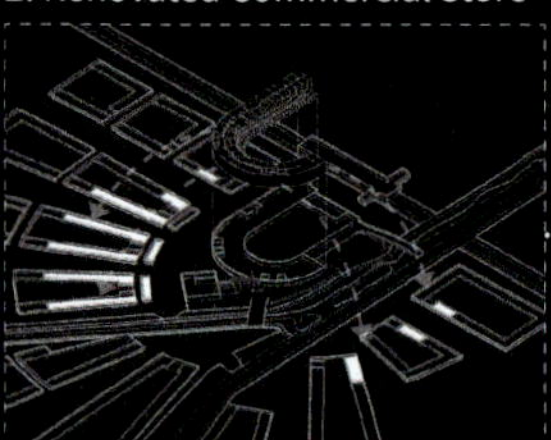

3. New-Built Distinctive Street

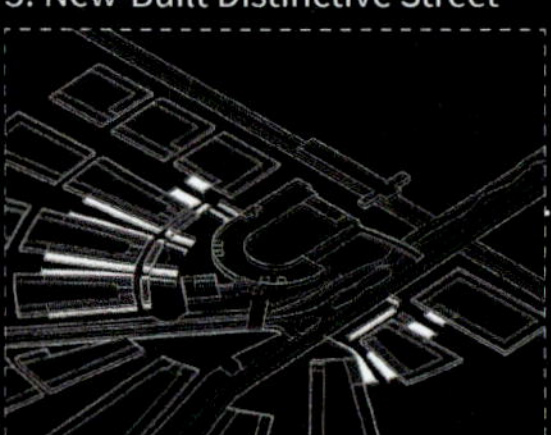

Zone 1. Relocation of Plaza Store

The city plans to relocate reckless commercial facilities that occupied in the Olympic Plaza to the outskirts of the radial city, but reclassify them based on a variety of new customized urban axis.

In Underground Masterplan

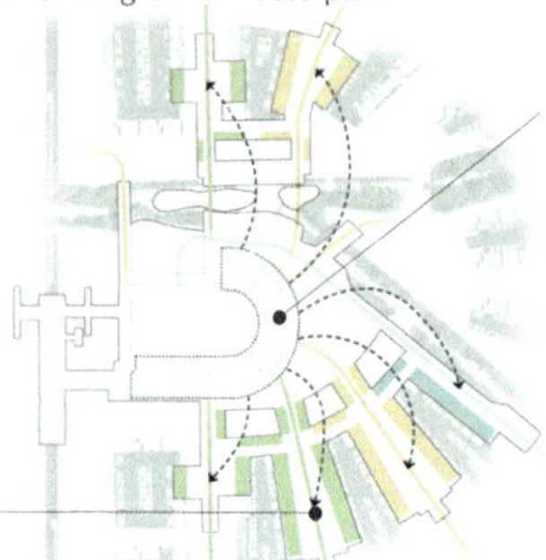

Scene 1. Chit Chat

Scene 2. After School

Scene 3. Another Nature

Existing Olympic Plaza

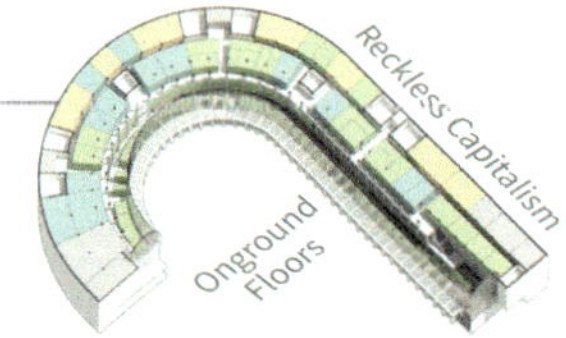

Renewed Commercial Street

B1F Existing Plan

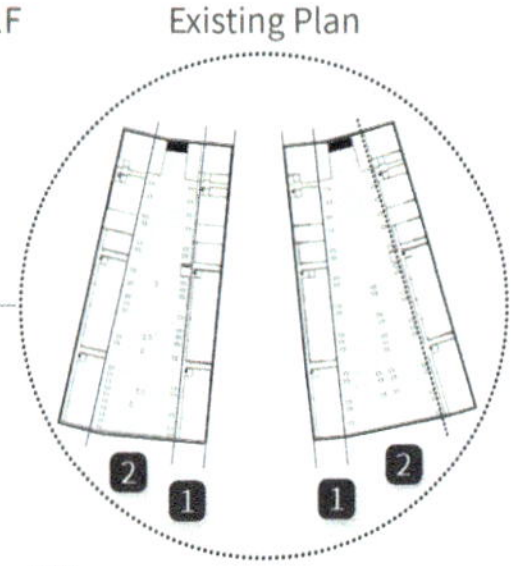

1 Useless Storage (Apartment B1)

2 Parking Lot

Renewed Urban Axis

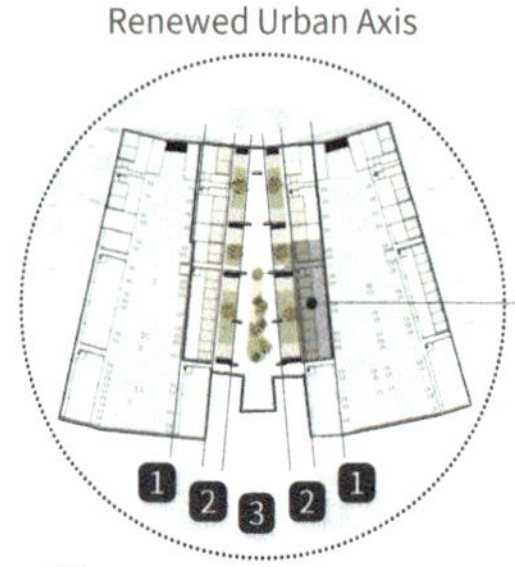

1 Storage to Commercial Stores

2 Distinctive Street

3 Pedestrian Circulation

1F

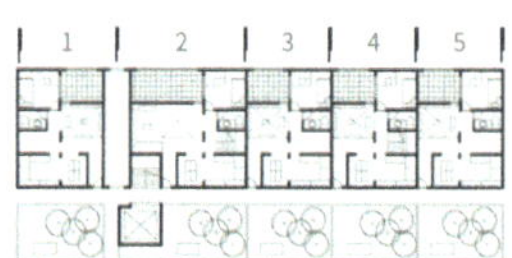

Existing Duplex Residences

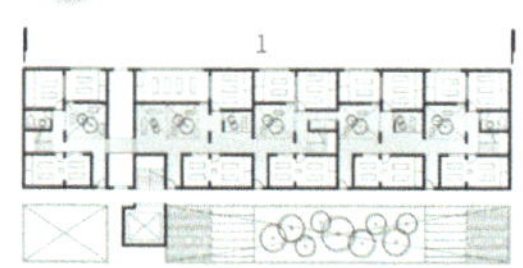

Renewed Commercial Facility

Scene 1. Chit Chat

Salon / Clothing Store

Scene 2. After School

Cram School / Mini Library / Stationery

Scene 3. Another Naturewalk

Pharmacy / Massage Shop

4. Renovated Cultural Space

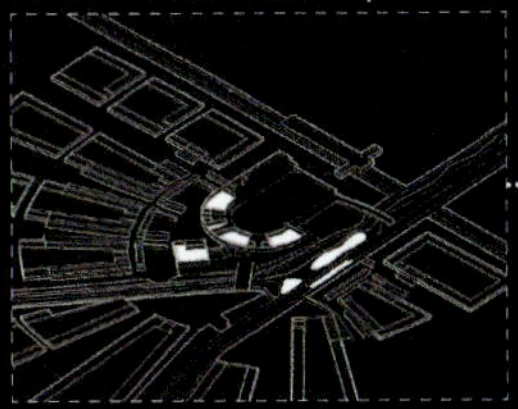

5. New-Built Cultural Space(B2F)

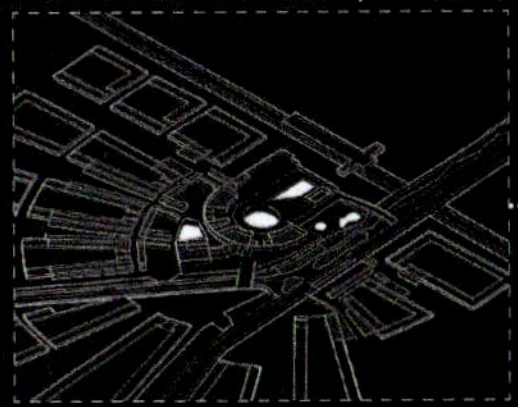

6. Renovated Arcade Valley

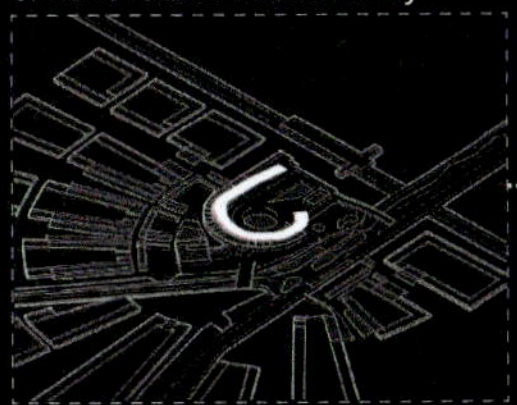

7. Converted Pedestrian Space

8. New-Built Pedestrian Space

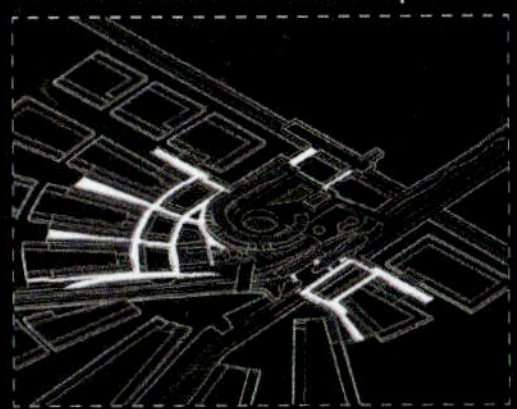

Zone 2. Regulation of Socially Condensed Space

Unlike existing urban sections, Socially condensed spaces that exist deeply underground with clear functions are newly inserted. It is a response to dystopia of onground cities, providing urbanism with new landscapes and infinite scenarios.

In Underground Masterplan

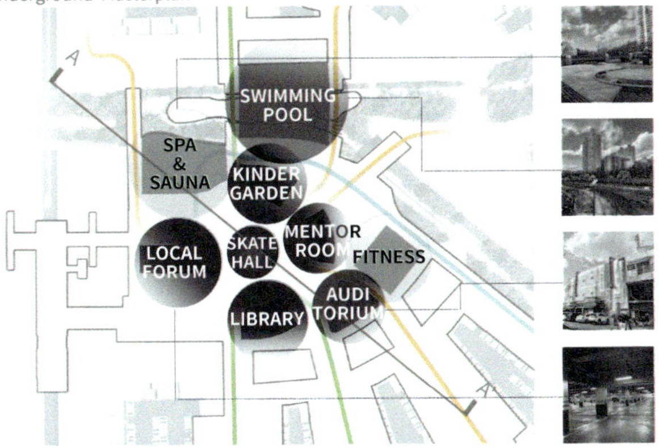

Reverse of typical urban section

Skate Hall in Winter

Zone 3. Arcade Valley

It runs through subways and cohesive spaces, proposing a linear urban space that is not programmed.Unlike the newly constructed underground space, the ground space regenerates urban circulation by inserting an unspecified large space into the empty space of supersaturated stores.

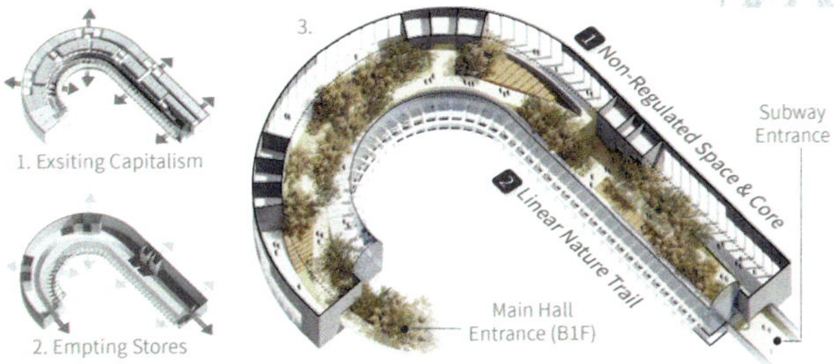

Media Facade in Night

고상정(高床井)

[한양대학교 건축학과 5학년 박 하 빈]

건축은 안전한 삶의 장(場)이 되어야 한다. 해수면 상승, 사막화, 지반침하 등 최근에 악화되고 있는 각종 환경 문제는 많은 사람들의 일상을 위협하고 있다. 지역 환경에 부합하는 건축은 이들에게 소중한 삶의 터전이 되어줄 것이다.

사람이 환경을 개조하고 통제하는 방식이 아닌, 함께 호흡하고 성장해 나갈 수 있는 한 방식으로 '떠 있는 우물(高床井)'을 제안한다.

[남성택 교수]

19세기 건축학자 슈와지는 초기 건축에 대해 묘사했다. "인간은 상황에 순응하며, 그 상황이 요구하는 해법을 수용할 뿐이다." 오늘도 다르지 않다. 제3세계의 건축은 더욱 그렇다. 고유한 상황이 요구하는 고유한 해법을 찾아야 한다. 박하빈 학생의 설계작은 자카르타 빈민촌 문제를 다루고 있다. 생존을 위해 파낸 우물들이 지반침하를 일으켰고, 강수량이 많은 곳인 만큼 홍수 피해는 더욱 커졌다. 지하수 사용이 금지될 수밖에 없기에 당장의 물부족 현상은 심각해졌다. 새로운 생존 전략이 필요하다. 빗물을 적극 이용하며 홍수에 대처할 수 있는 건축이 그것이다. 지붕을 통해 빗물을 받아 보관, 정수하는 시스템이 건축화된다. 깨끗한 물을 제공하는 하이테크 생명수 주위로 자율적으로 건설되는 시설들은 지역 전통의 로테크 공법을 절충하여 부유식으로 세워진다. 빈민촌 건축처럼 끊임없이 변형, 성장하는 체계이다. 본 작품은 보편적 환경 변화와 특수한 지역적 상황을 관찰하고, 새로운 기술과 전통적 수단을 융합하며, 생명의 근원인 물을 과학적이고도 시적으로 다루고 있다는 점에서 2021년 교내 졸업전 최고상을 수여받았다. 이에 본인은 본 작품을 강력하게 추천한다.

Levitating Well

高床井 (떠 있는 우물): 자카르타 우물 건축화 프로젝트

자카르타 지반침하의 주 원인인 '우물'은 마을 사람들에게 중요한 삶의 터전이다. 시간이 갈수록 악화되는 각종 환경 문제로부터 자유로운 새로운 우물을 제안한다. 인도네시아 전통 고상가옥에서 영감받은 가변적인 구조물은 사람들이 환경에 구애받지 않고 일상을 살아갈 수 있는 장을 만들어준다. 사람이 환경을 개조하고 통제하는 방식의 건축이 아닌, 함께 호흡하며 성장해 나갈 수 있는 한 방식으로 '떠 있는 우물'을 제안한다.

미완결 프로젝트,
마을 사람들이 완성하는 건축

2050년에 이 마을은 완전히 물에 잠길 것으로 예측된다. 마을 사람들이 제안된 설계를 바탕으로 자유롭게 우물터를 확장해 나갈 수 있도록 마무리하였다.

자카르타 지반침하의 원인, 우물

자카르타에서 우물은 마을 사람들이 물을 얻을 수 있는 곳이자 이웃 간 소통을 하는 곳이며, 아이들에게는 놀이터 역할을 하는 삶의 터전이다. 현재 잦은 홍수로 인해 물이 심각하게 오염되고, 지하수 추출이 지반 침하의 주 원인으로 지목되면서 대체재가 시급한 상황이다.

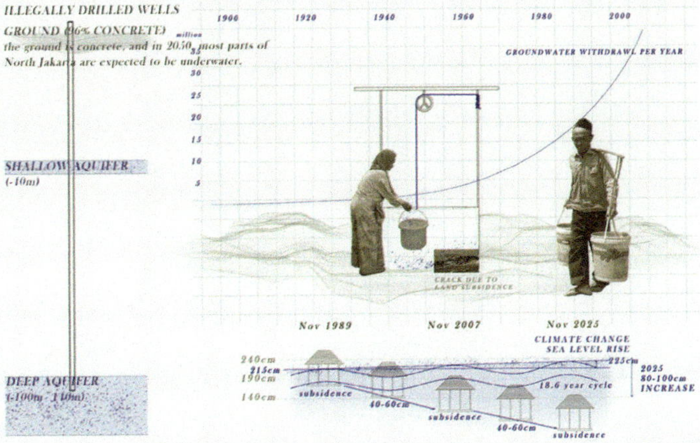

우물의 대체재, 빗물

비가 자주 내리는 자카르타의 환경을 장점으로 활용하여 빗물을 정화하고 우물을 건축화한다.

Type 1. 1급수로 정화

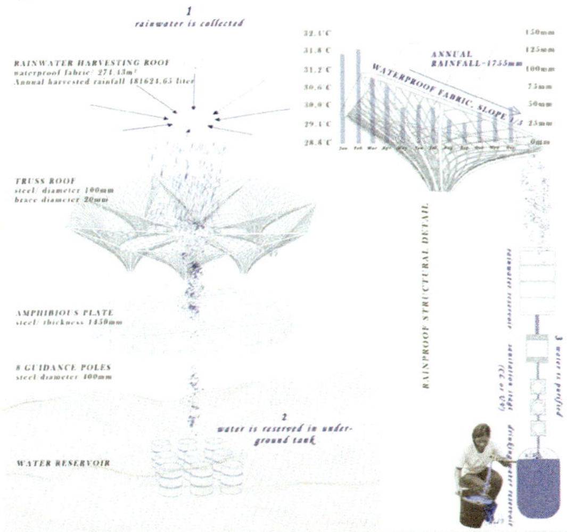

Type 2. 2급수로 정화

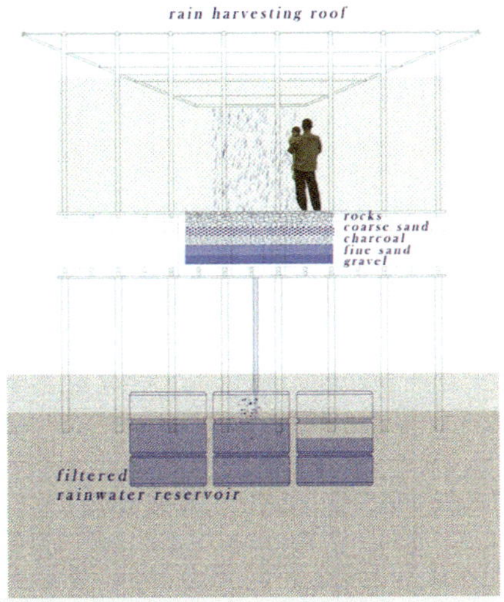

마스터플랜

Muka 마을의 물 계획안을 보여주는 마스터플랜이다. 사이트는 북자카르타의 여러 마을들 중 하나인 Kampung Muka로, 1년에 한번 이상 홍수의 피해를 보는 지역이다. 기존 13개의 우물터를 A, 지대가 낮아 현재 쓰레기로 뒤덮인 공터를 C, 그 사이를 잇는 골목길을 B로 설정하였다. 현재 우물터(A)에서만 일어나는 활동들을 조사한 뒤 A,B,C로 확장하여 일련의 시스템을 구축했다.

C (메인 건물) 지붕평면도 가운데 선을 기준으로 왼쪽은 지붕의 골조선을 나타낸다. 세 가지 원을 제외한 매스들의 지붕의 종류는 두 가지이다. 빗물을 집수하여 자연재료로 정화할 수 있게 뒤집힌 지붕과, 빗물을 피할 수 있는 지붕이다. 지붕의 형태는 현재 사이트에 있는 주변 건물들의 지붕 형태를 참고 및 변형하여 디자인하였다.

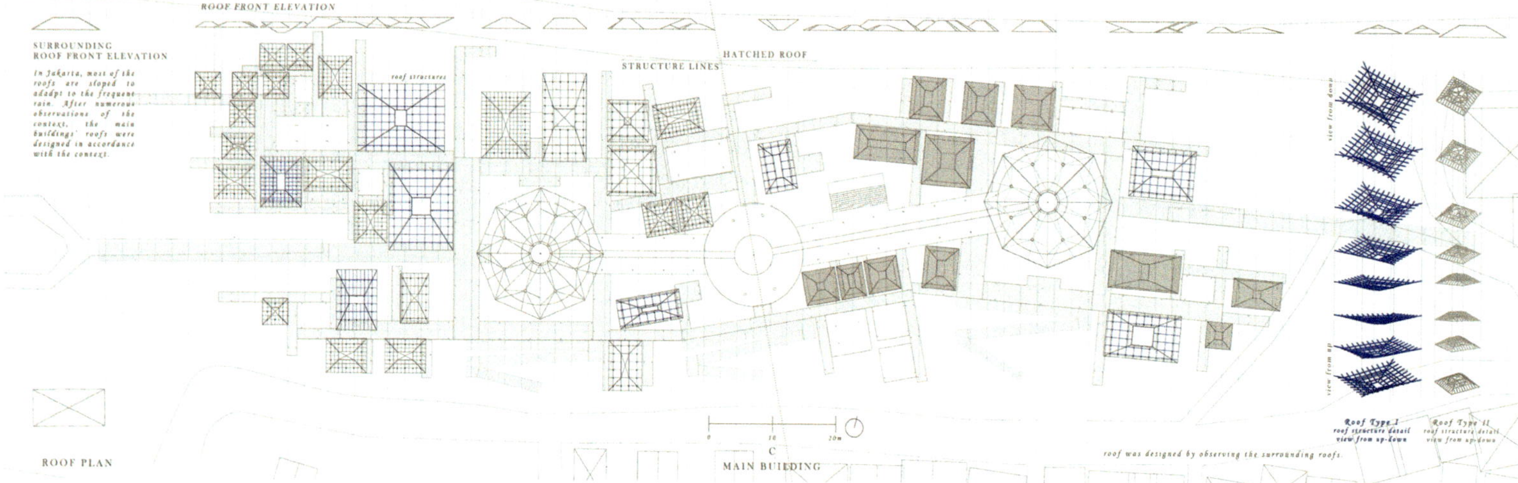

C (메인 건물) 평면도 가운데 선을 기준으로 오른쪽은 우기, 왼쪽은 건기 시 모습이다. 주변 골목들을 연장하여 형태를 다듬었다. 양쪽의 원에서 물이 정화되고, 남은 물들은 길을 따라 중앙의 원 아래에 있는 중수 저장 탱크에 저장된다. 이 물길은 아이들에게는 놀이터, 어른들에게는 빨래터가 된다. 새로운 우물터에는 홍수 시 단절되는 일상적인 프로그램들을 위주로 배치하였다: 도서관, 비상용 학교, 빨래터, 부엌, 화장실, 목욕탕, 식당 등.

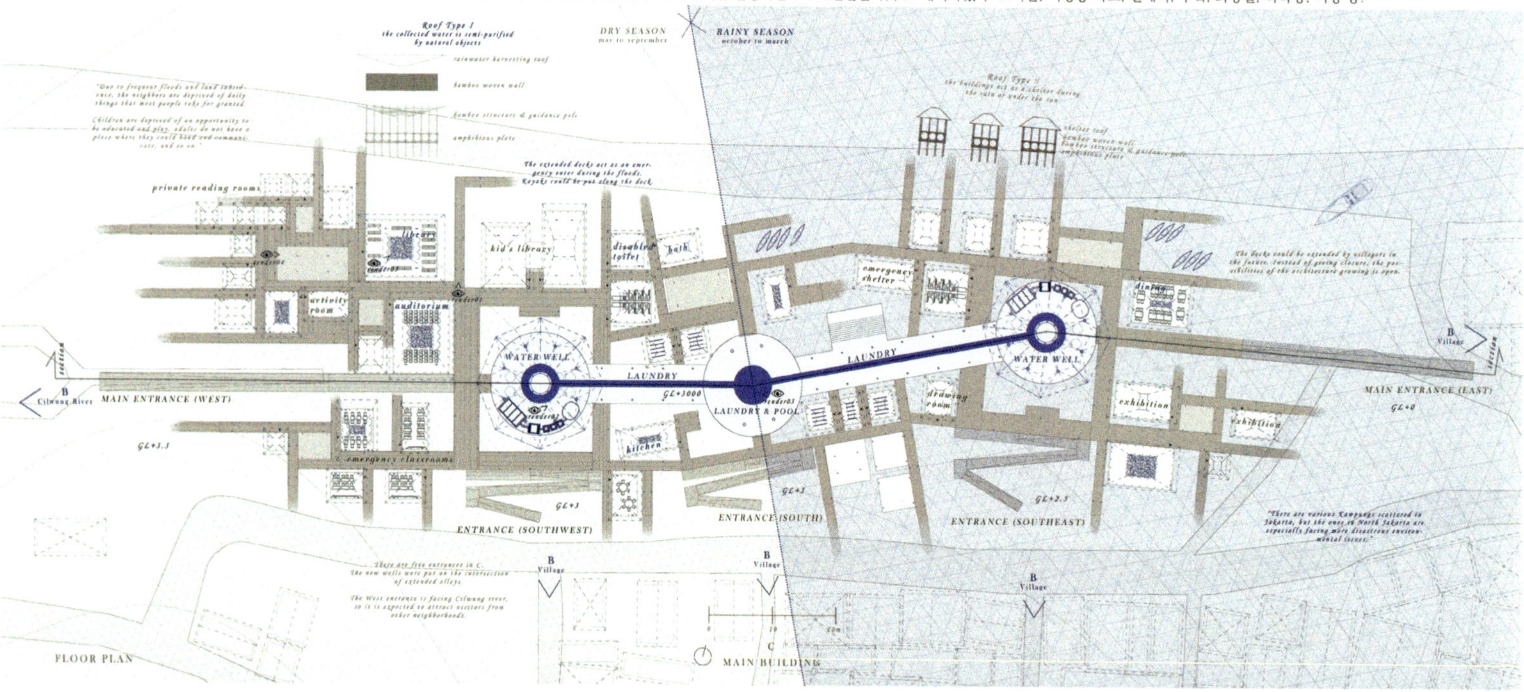

C (메인 건물) 1/100 모형 홍수 시 물에 뜬 C의 모습을 표현한 모형이다.

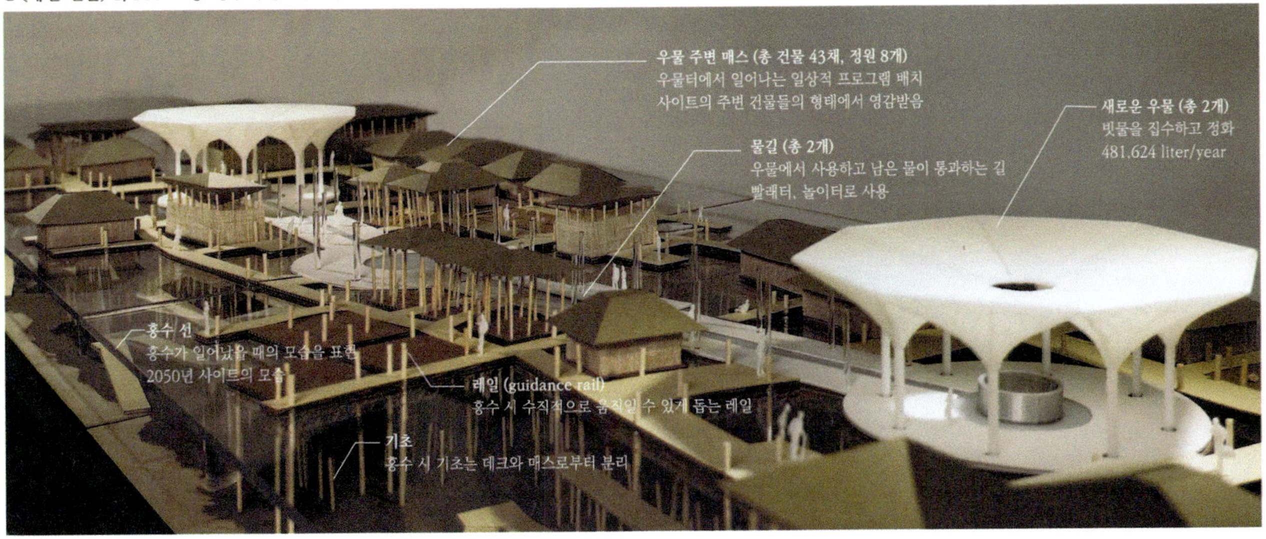

1/20 구조디테일 모형

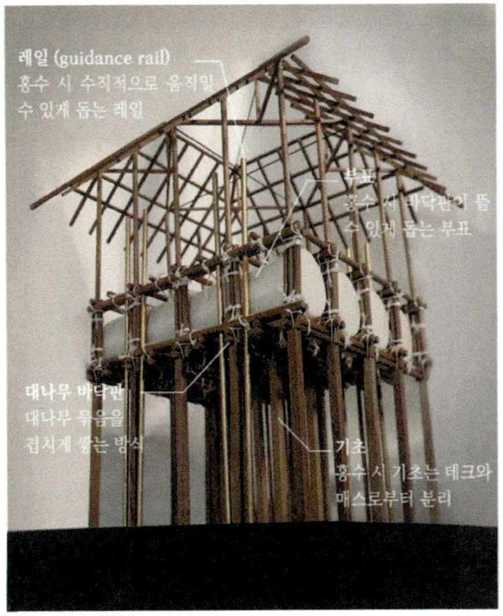

도면제공: www.kimoondang.com에서 다운로드 받을 수 있습니다.

C 단면도 가운데 선을 기준으로 왼쪽은 건기, 오른쪽은 우기 시 건축물의 모습이다. 홍수 시에 모든 건물들과 데크들이 기초에서 분리되어 물에서 뜬 모습이다. 양쪽 우물터에서 물길, 중수 저장 탱크, 화장실까지 이어지는 일련의 물의 정화 과정과 이에 따른 공간의 모습 및 구조를 파악할 수 있는 도면이다.

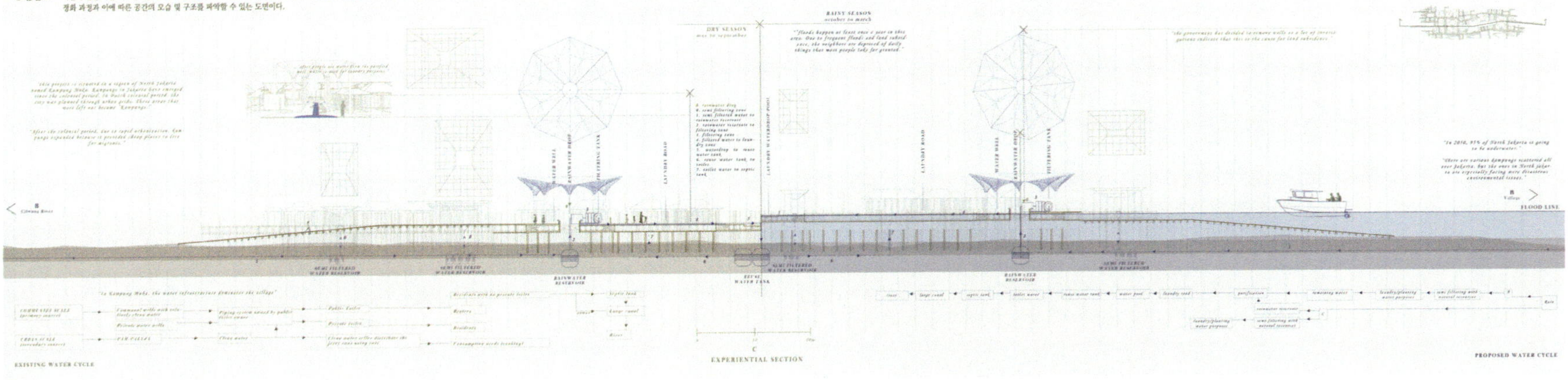

B (골목) 제안안

골목길의 콘크리트를 덜어내어 지하수가 땅으로 흡수된다. A에서 집수된 물을 나르는 역할을 한다.

B

The concrete-filled alley becomes a new eco-friendly road. During the rain, the road absorbs water into the ground. Excess water is carried through pipes beneath the road, arriving to the main building(C).

A (기존 우물터) 제안안

빗물을 집수하고, 자연재료로 물을 정화하여 빨래터로 사용한다. 홍수 시 기초로부터 분리되어 마을 사람들의 대피소가 되어준다.

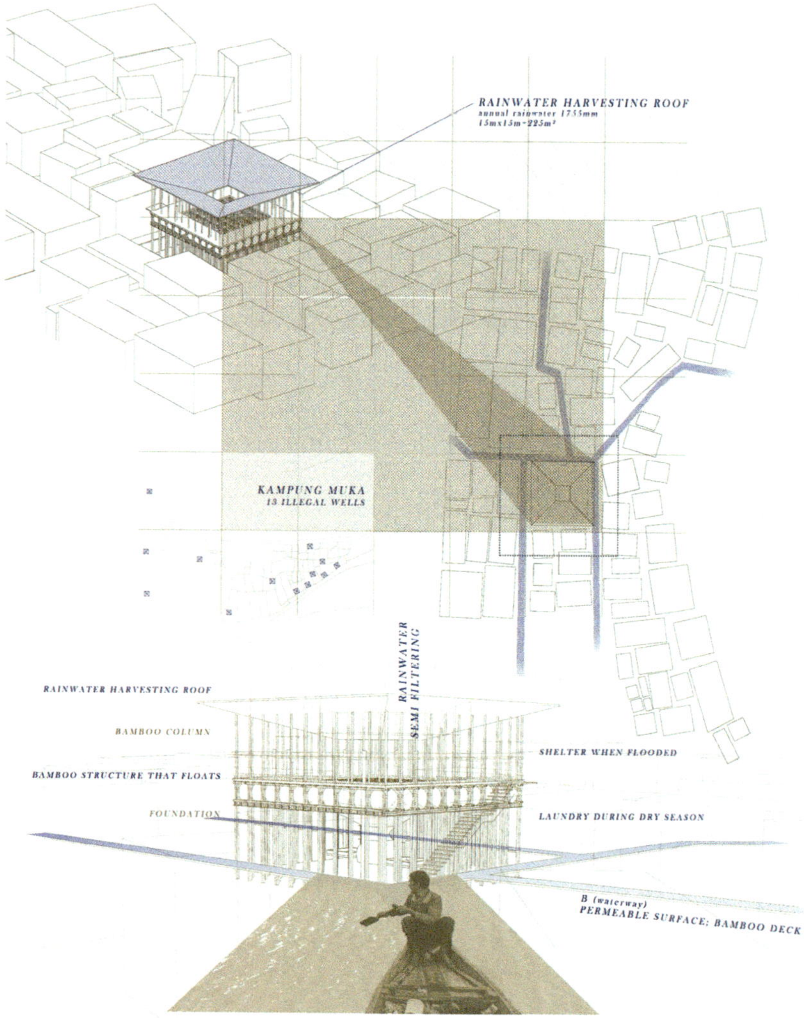

A

When flood occurs, water wells become contaminated and unusable. Also, even in dry seasons, the community wells had difficulty supplying safe water as a result of garbages disposed in nearby rivers. A helps to semi-purify rainwater for laundry or planting purposes.

부유식 구조디테일

'떠 있는 건축'은 구조로 완성되어야 한다. 고정된 상태인 자카르타 전통가옥 '고상가옥'보다 가변적으로 환경에 대응할 수 있는 구조를 제안한다. 지역재료이면서 가벼운 '대나무'로 구조를 도면화하고, 같은 구조 원리를 철에도 확장하였다. 홍수 시에 기초에서 분리되어 뜨는 이 구조는, 수직 레일을 따라 자유자재로 움직인다.

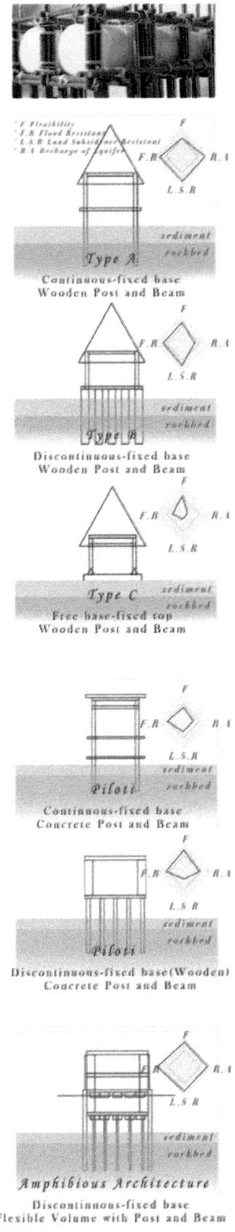

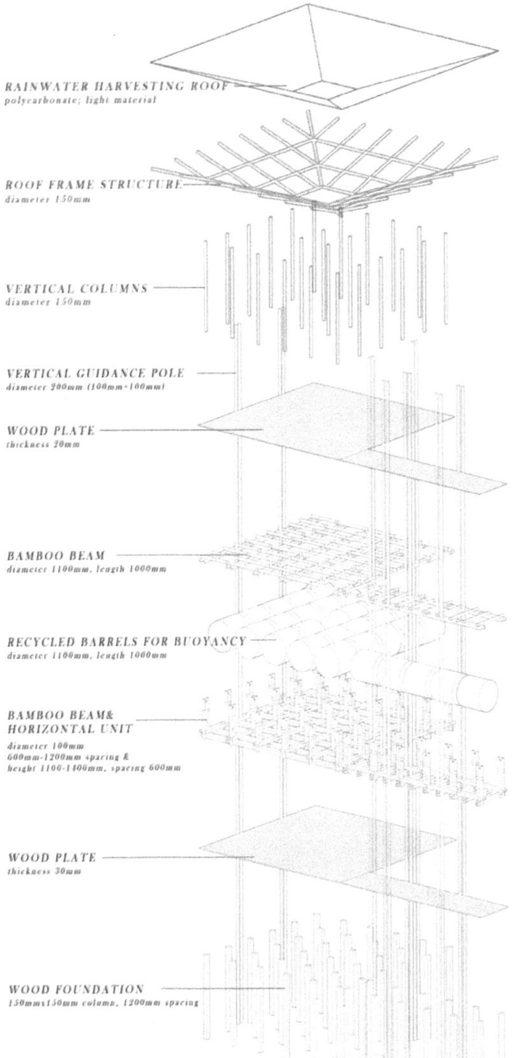

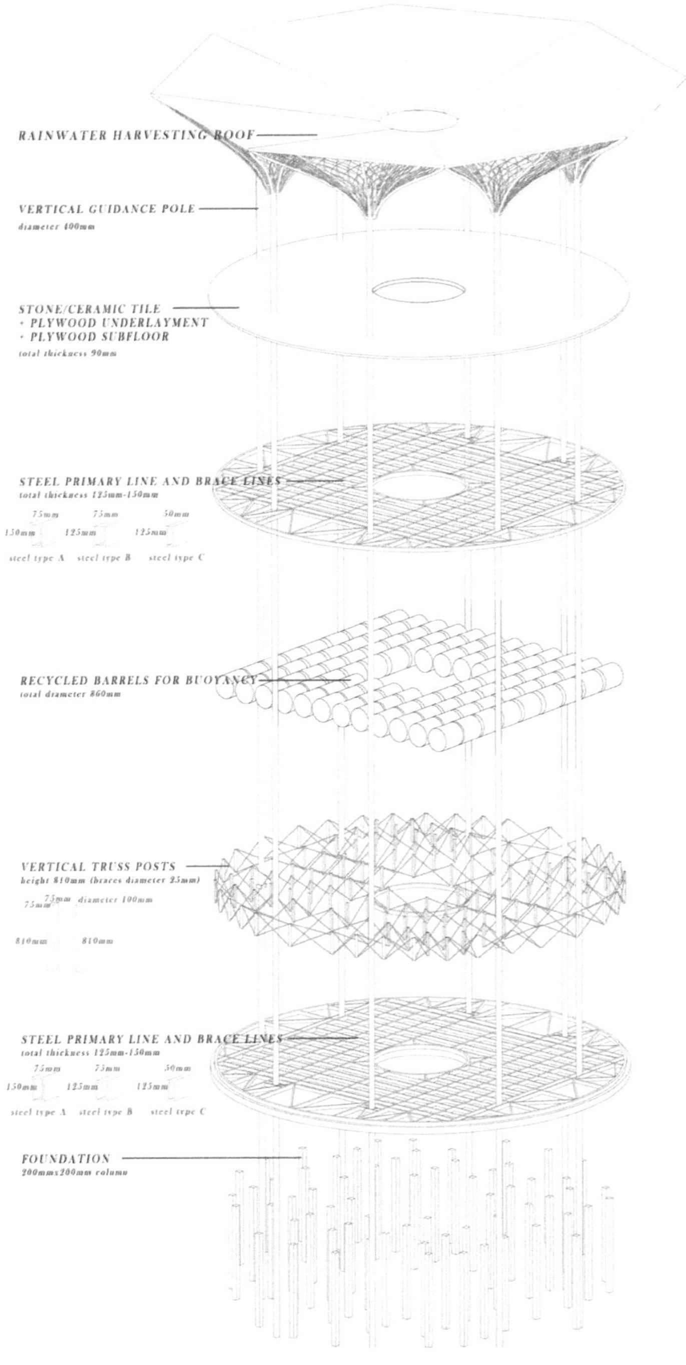

INININ

- At INcheon, By INdustry With INfrastructure

[한양대학교 건축학과 5학년 배 건 우]

인천내항의 곡물산업을 문화 산업 인프라스트럭쳐로 재탄생시키고자 한다. 도시에는 많은 어반 인프라스트럭쳐들이 존재한다. 도시시스템처럼 인프라스트럭쳐는 변화에 적응하지 못하면 쇠퇴하기 때문에 지속가능성은 인프라스트럭쳐의 핵심 요소 중 하나이다. 세상에는 이러한 변화에 적응하지 못한 인프라스트럭쳐들이 존재하며 한국도 예외는 아니다. 인천내항은 인천시를 항구도시로 자리매김하게 만든 역사 그 자체이다. 그러나 갑문식 도크의 선박 수용한계치로, 인천내항은 서서히 쇠퇴하였고 주요 기능들은 인천신항으로 이전하였다. 항구산업으로 성장한 도시이기에 인천내항의 쇠퇴는 곧 인천도심의 쇠퇴를 불러왔다. 이러한 쇠퇴를 막기 위해 정부는 인천내항에 재생사업 진행을 결정하였고, 그 방향성은 기존의 존재하던 인천내항의 잠재력이 내재되 있는 건축물들을 해체하고 재건설하는 것이다. 하지만 나는 이와는 반대로 '문화 산업 인프라스트럭쳐으로의 재탄생'이라는 새로운 방향성을 제시한다. 인천내항에 현재 존재하며 이어져 온 양곡산업에서 해답을 찾는다. 기존에 운영되는 곡물저장창고인 사일로와 폐곡물창고가 되어버린 웨어하우스에 건축적 해법을 대입하여 소멸 예정이었던 곡물산업을 문화 산업 인프라스트럭쳐로 재탄생시킨다.

[김소영 교수]

본 프로젝트는 어반 인프라스트럭쳐의 지속성에 대해서 탐구하고, 현재 인천내항이 가지고 있는 문제점을 파악하여 진행되고 있는 정부사업과는 다른 방향성을 제안하는 창의성이 가미된 프로젝트인 점이 우수한 작품이다. 본 학생은 예로부터 인프라스트럭쳐의 재생, 지속가능성에 대해 호기심과 열정을 가지고 설계를 시작하여, 버려지거나 현재 이용되고 있는 인천내항의 다양한 어반 인프라스트럭쳐들을 조사, 분석한 후 기존 인프라의 기능을 버리는 것이 아닌 새로운 문화 인프라적 기능들을 추가하여 양곡산업의 쇠퇴를 막을 해결법을 제시함과 동시에 '공존'이라는 키워드로 인천내항이 나아가야 할 새로운 방향을 선사한 기발함과 양곡산업에 어울리는 브루어리, 밀가루공장 그리고 베이커리와 같은 다양한 프로그램들을 더하여 설계한 상상력이 매우 돋보이는 작품이다. 특히, 현재에도 운영 중인 곡물저장창고(SILO)와 폐곡물창고(SHED)가 가지고 있는 매스적 형태에 대한 Module 분석을 통하여 형성된 매스감은 리모델링, 신축된 부분이 자연스럽고 아름답게 디자인 된 것이 보여지며, 최종적으로 인천내항의 1, 8번 부두인 넓은 사이트의 마스터플랜을 설계한 점도 잘 구현되었다고 생각한다.

IN IN IN

At INcheon, With INfrastructure, By INdustry

한때 인천을 항구도시로 자리매김하게 만든 인천내항은 항구 인프라스트럭쳐의 노쇠화와 인천신항의 건설로 인해 서서히 쇠퇴하였고, 정부는 인천내항 재개발 사업을 진행중에 있다. 하지만 이러한 사업은 문화시설의 건립만을 목적으로, 기존에 존재하던 산업시설을 효과적으로 사용하지 못하는 방향으로 고려되고 있다. 나는 인천내항에 주요 시설인 양곡산업과 문화시설의 '공존'이라는 키워드로 인천내항에 새로운 방향성을 제시한다.

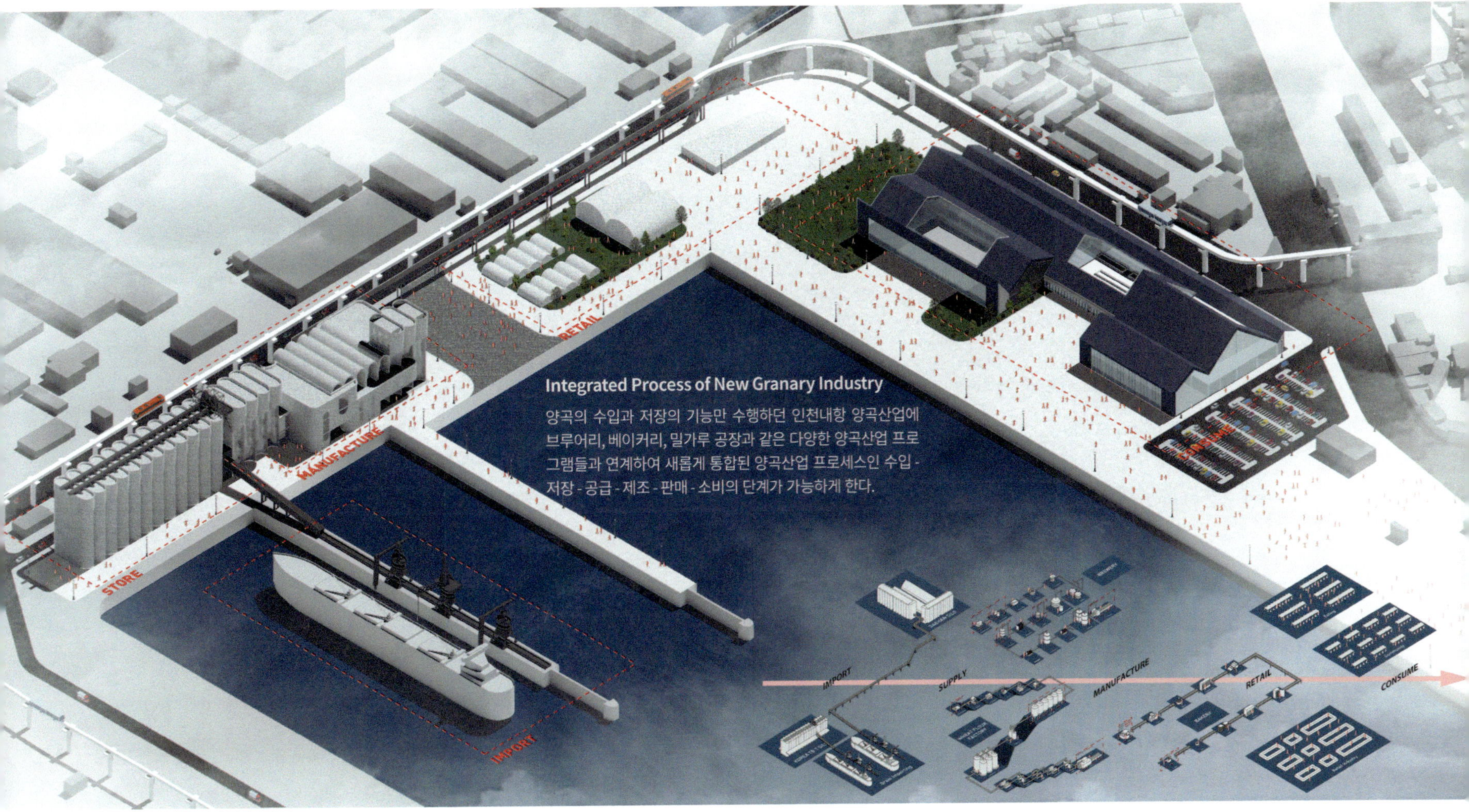

Newly Created SILO

인천내항에 존재하며 지금까지 운행되는 사일로는 16개의 모듈로 구성되어 있으며 하나의 모듈을 기초한 매스의 대입으로 기존의 매스와 새롭게 디자인된 매스의 조화로운 사일로 문화 컴플렉스를 제시한다. 16개의 사일로 중 4개를 리모델링하여 밀가루 제조과정을 관람할 수 있는 아트리움을 설계하고 사일로와 이어진 새로운 매스에는 갤러리를 비롯한 문화 인프라스트럭쳐를 건축하여 인천내항 양곡산업의 새로운 랜드마크로 자리매김시킨다.

Main Lobby View

Main Atrium View

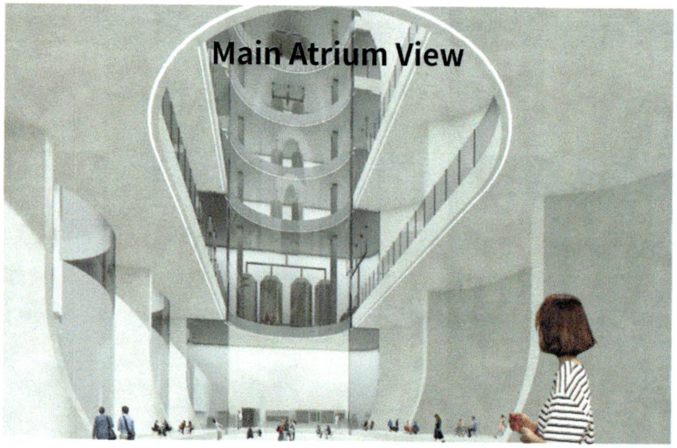

SILO Perspective Section

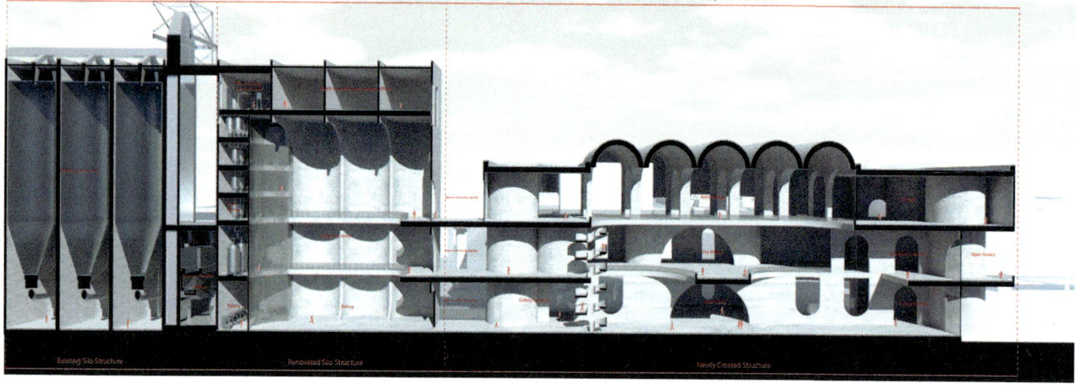

SILO Section Model

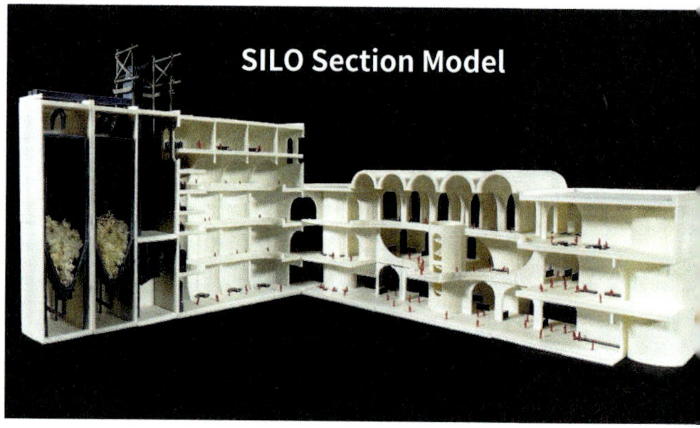

Newly Created SHED

인천내항에서 현재 이용되지 않고 있는 쉐드는 새로운 통합적 양곡산업 프로세스의 마지막단계인 관광객들과 사용자들이 양곡을 최종 소비하는 공간으로 재탄생된다. 새롭게 설계된 쉐드에는 맥주를 즐길 수 있는 브루어리, 푸드코트와 레스토랑과 같은 프로그램들이 대입되어 양곡산업의 다양한 생산물을 소비하며 교류하는 공간으로 사용된다. 새로운 인천내항의 가장 퍼블릭한 공간이며, 렉쳐티어터와 플라자에서 생동감있는 사용자들의 활동을 제공한다.

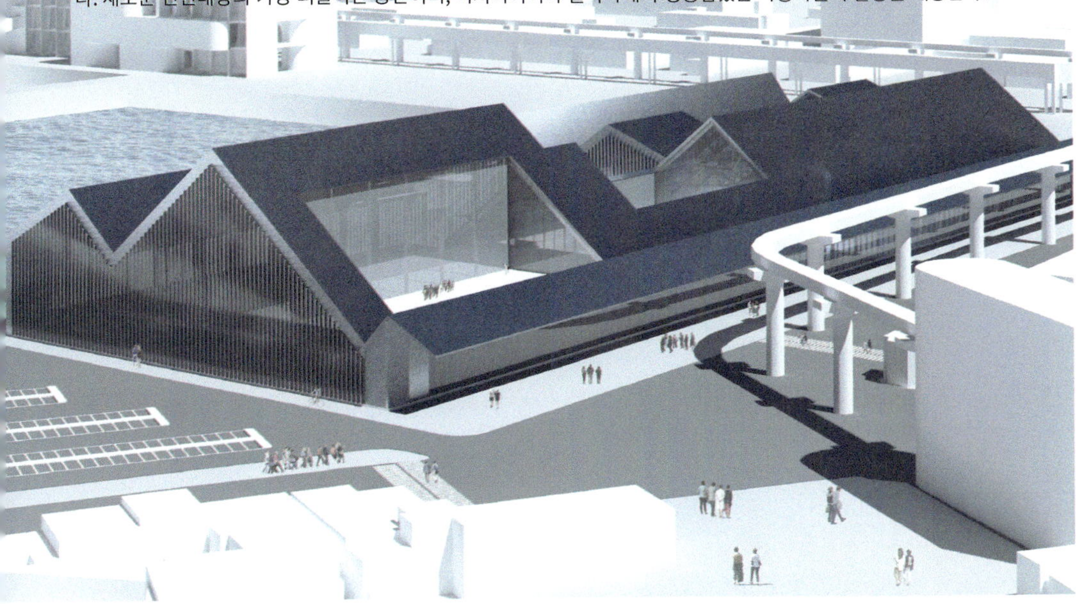

SHED Brewery View

SHED Terrace Garden View

SHED Perspective Section

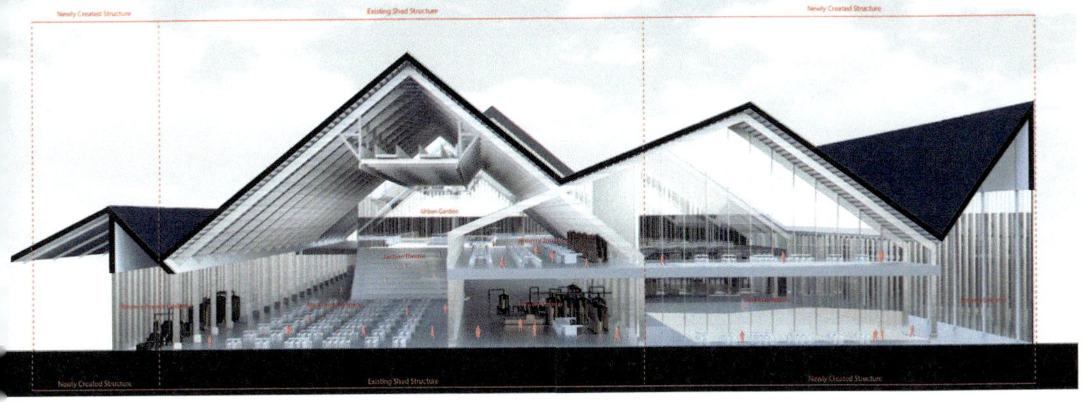

SHED Section Model

도면제공: www.kimoondang.com에서 다운로드 받을 수 있습니다.

Existing Silo Plan

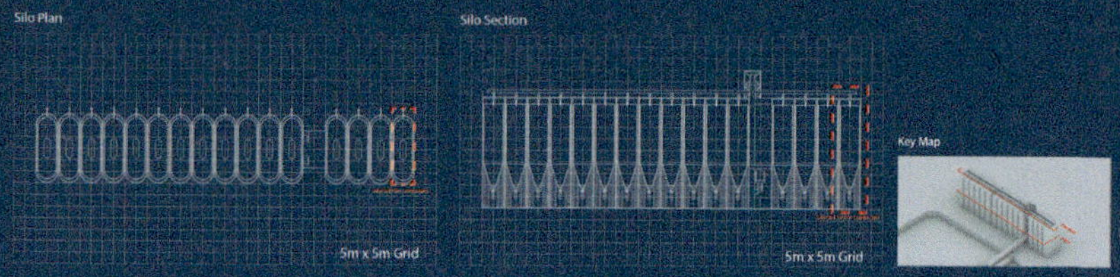

Mass Module Transformation

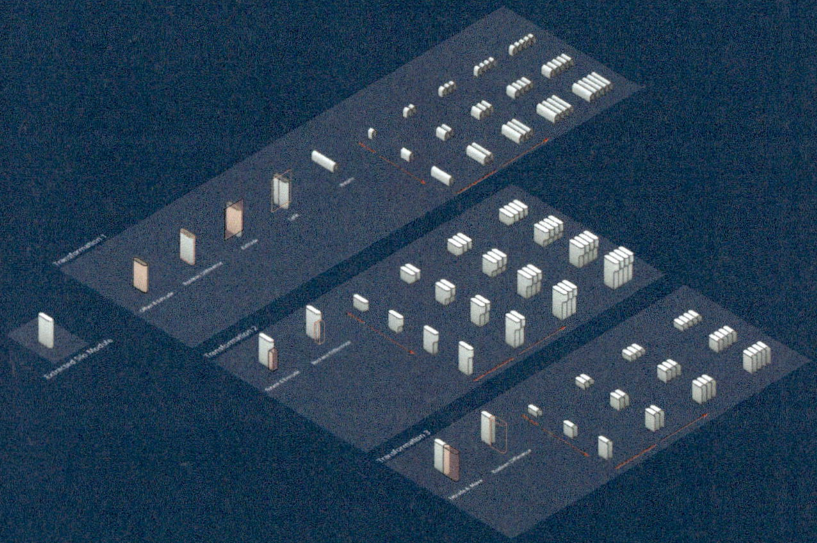

Newly Created Silo 1F Plan

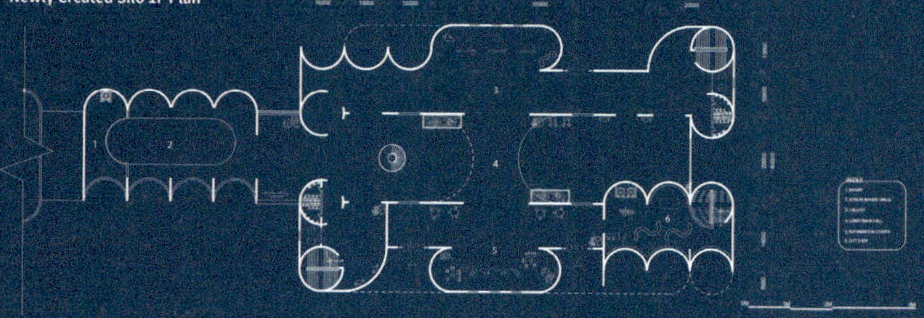

Newly Created Silo 2F Plan

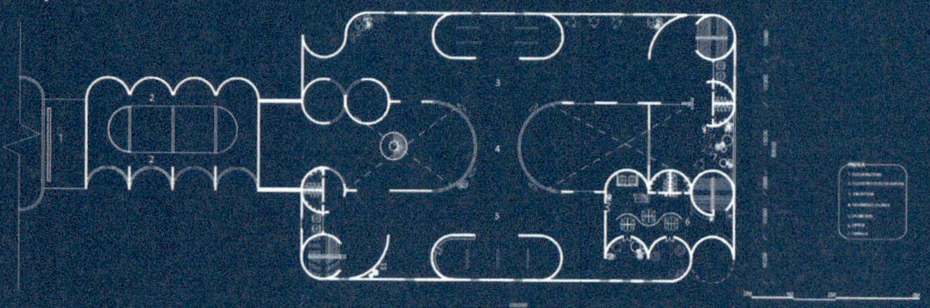

Newly Created Silo 3F Plan

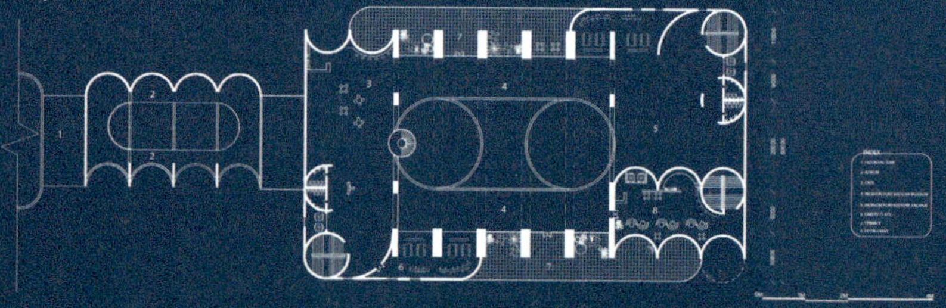

Existing Shed Plan

Shed Plan

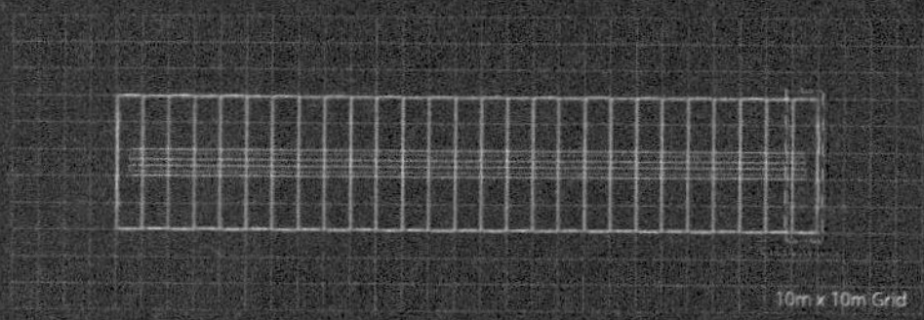

Shed Section

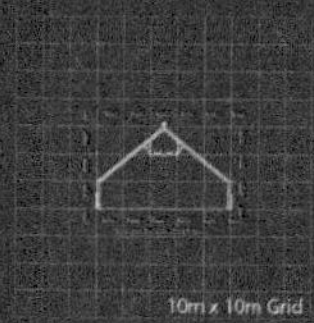

Key Map

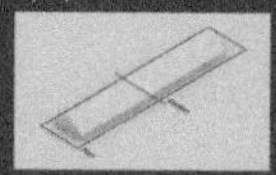

Mass Module Transformation

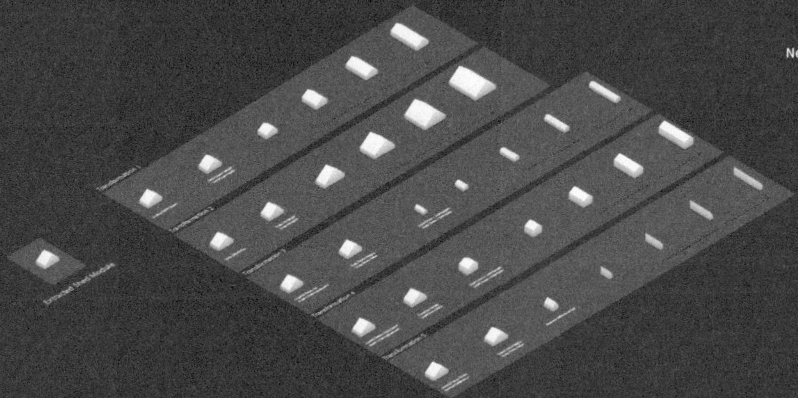

Newly Created SHED 1F Plan

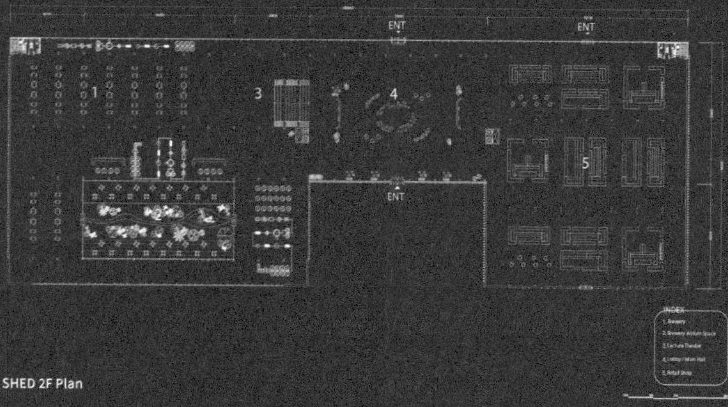

Newly Created SHED 2F Plan

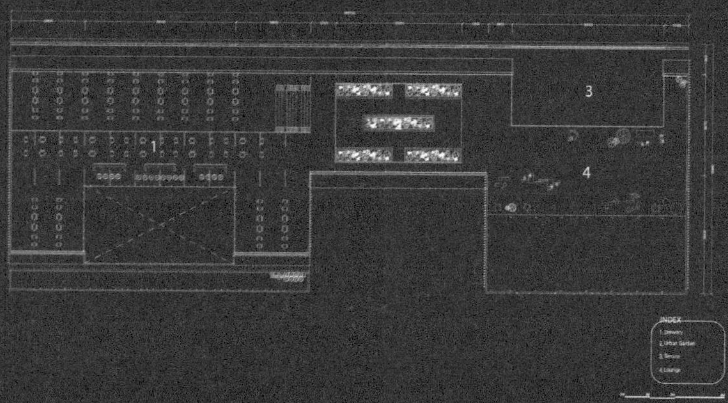

흩어져가는 일상의 조각을 모아주다.

[순천향대학교 건축학과 5학년 정 다 은]

치매는 완치가 불가능한 질병이다. 환자들은 기억을 점점 잃어가며 인간으로서의 품위를 바닥까지 내려놓게 된다. 그런 그들을 돌보는 현재의 시설들은 획일화된 일상만을 제공하고, 환자들은 그에 맞춘 하루를 보내며 개인의 특성마저 잃어간다.

그렇다면, 그들이 개인의 방식대로 꾸려가는 여생을 보낼 수는 없을까? 나는 치매 환자들의 일상에 목적성을 되찾아 주어 풍요로운 여생을 제공하고, 지역 사회 안에서 그들의 잊어버린 일상의 조각을 모아주는 요양시설을 계획하였다.

[천준호·홍동필 교수]

"흩어져가는 일상의 조각을 모아주다"는 치매노인들과 지역주민들의 소통과 관계 형성을 위한 포용적 디자인 기반 커뮤니티 마스터플랜이다. 치매환자의 행동패턴 분석을 통해 삶과 치유가 병행될 수 있는 플렉시블(flexible)한 공간을 제안하며, 환자, 보호자, 지역주민의 삶의 공존에 초점을 맞췄다.

4개의 중정에서 만들어지는 치매환자의 자생을 위한 적응적 공간으로서의 시퀀스가 인상적이며, 내부 입면과 자연의 조화로운 구성은 치매의 경중에 따라 '시각적 소통', '물리적 교류', '커뮤니티 형성'의 단계를 체계적으로 만들어낸다.

일상에서 흔히 접할 수 있는 낯설지 않은 치매환자와 보호자의 감성과 심리에 긍정적 자극을 주는 '치유의 공동체' 공간으로서의 건축적 시나리오 제안을 높이 평가한다.

흩어져가는 일상의 조각을 모아주다.

환자들에게 새로운 형태의 공동체를 제공하는 치매 요양 시설 계획안

인해 변화된 그들의 일상 되찾기

후, 변화된 일상

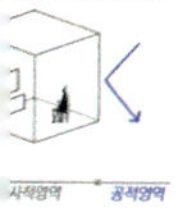

은 개인의 공간에서
을 하지 못한 채 서서히
실정이다.
는 본인과 그들의 가족,

#2 그들에게 주어질, 서로가 이웃이 되는 공동체 사회

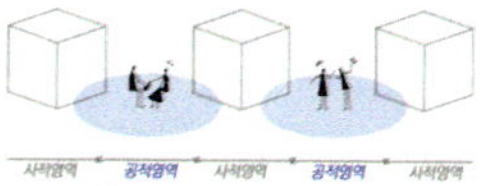

앞으로의 그들은 **서로 이웃**이 될 것이고, 더 나아가 **지역 사회** 또한 그들 공동체의 일원이 되어 주어야 한다.
환자들 개인의 공간을 유지하되, 그들만의 새로운 공동체를 제공하여 서로의 기억이 되어주고, 서로의 일상을 채워 줄 수 있는 그들만의 마을을 만들어 주고자 하였다.

지역 사회, 새롭게 모이는 우리

대상지는 마곡동 807번지 일대로, 현재 마곡 일반산업단지로 지정되어 있어 **대상지 주변으로 다양한 시설들이 위치**하고 있다.

상업, 주거단지의 지역 주민을 시작으로 교육시설의 아이들, 그리고 의료시설까지의 연계를 통해 **대상지 내의 환자들이 다양한 사회적 활동을 누리고, 외부인들과의 공동체를 형성**하여 서로가 서로의 일상이 되어 줄 수 있기에 이 대상지를 선택하였다.

LOCATION
서울시 강서구 마곡동 807번지 일대

교육 시설 / 주거 시설 / 의료 시설 / 상업 시설

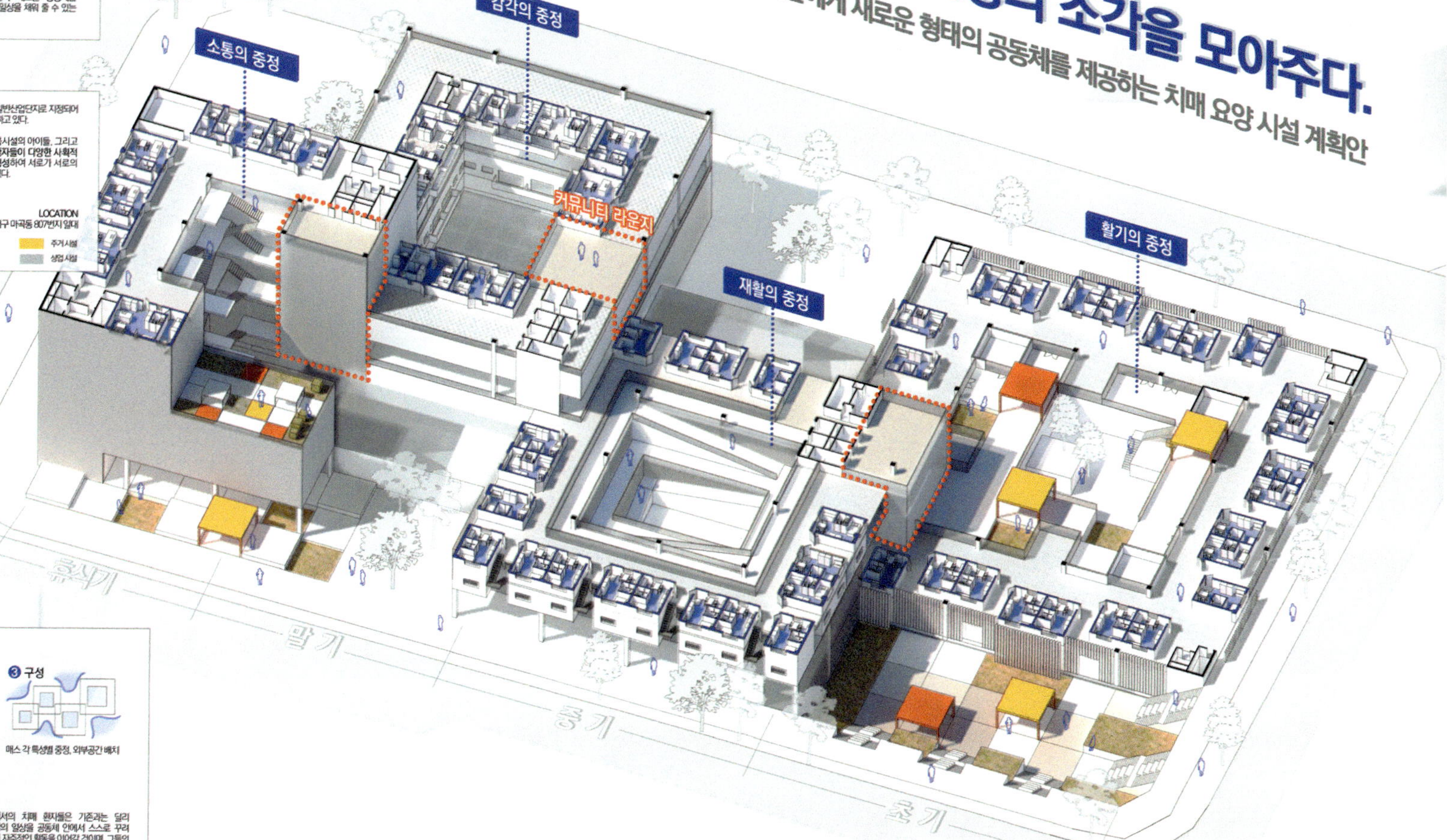

으로부터 시작되어 지역사회로 뻗어 나가는 공동체

특성에 맞도록, 치매 단계별 구성과 연결

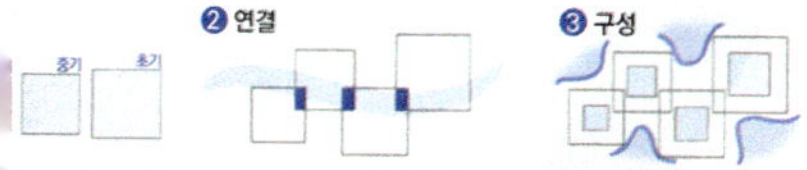

단계 설정과 매스 분리 / 매스를 교차, 커뮤니티 코어 배치 / 매스 각 특성별 중정, 외부공간 배치

간을 연계되며 지역사회로 뻗어나아가다.

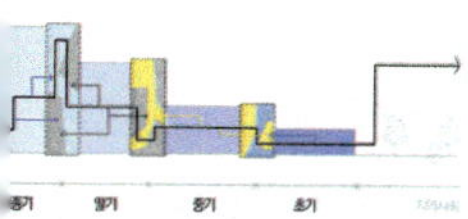

이곳에서의 치매 환자들은 기존과는 달리 그들만의 일상을 공동체 안에서 스스로 꾸려 나가며 자주적인 활동을 이어갈 것이며, 그들의 발자취에 자연스럽게 **공적 영역**이 이루어진다.

그렇게 생성된 새로운 형태의 **공동체의 장**은 서로 연결되고, 치매 환자로 부터 시작된 공동체는 점차 지역사회로 뻗어 나갈 것이다.

그들과 어울리며 병을 배워가다.

SITE PLAN

#1 기억전시관
청년과 환자가 함께 모은 기억의 조각들을 전시하다.

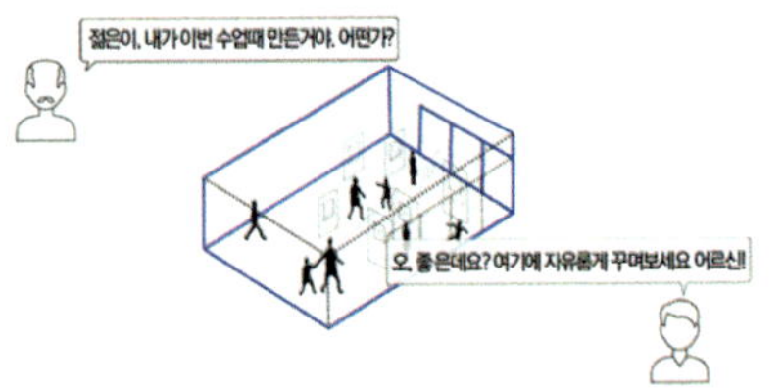

청년들, 그들의 기억 친구가 되어주다.

서울시 기억친구 프로젝트와 연계하여 환자들에게 다양한 프로그램 제공

프로그램에서 나오는 결과물들을 환자들이 직접 전시하여 외부인들에게 볼거리 제공

#2 커뮤니티 브릿지
환자 가족들이 미래를 대비하며 배우다.

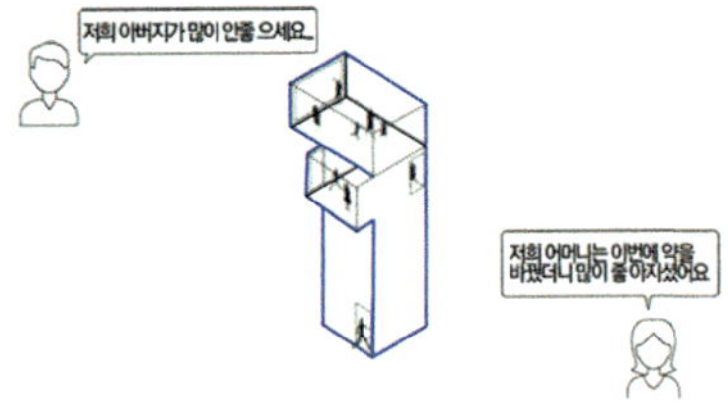

병실 문을 열고 나오면 기다리는 같은 처지의 사람들

벽으로 나눠진 주호는 그들에게 소통의 기회를 제공하지 못하는 현실

중정에 커뮤니티 브릿지를 배치하여 병실 밖 어디에서든 자유로운 커뮤니티 환경 조성

#3 커뮤니티 라운지
코어 커뮤니티를 통해 단계별 환자와 가족들이 교감하다.

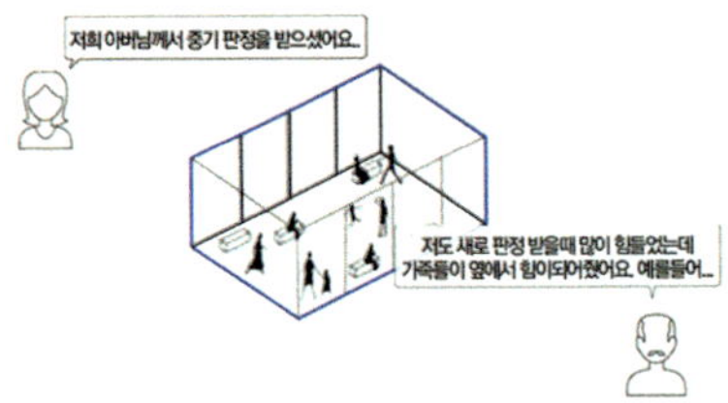

각 단계별 매스를 연결짓고 커뮤니티의장을 형성하다.

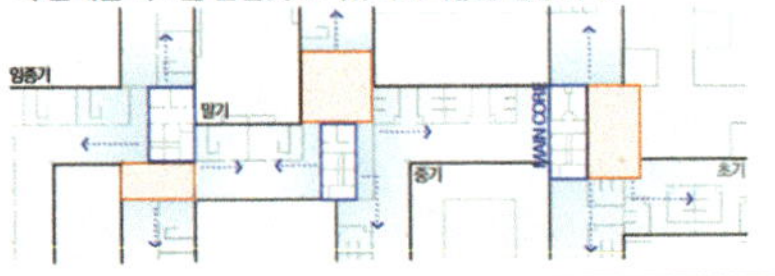

#4 선큰광장
동심으로 돌아간 환자와 어린이가 함께 배우다.

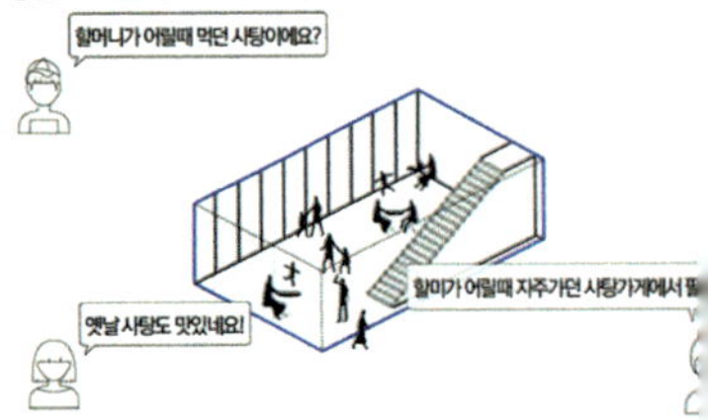

선큰으로 유입되는 아이들, 활력소가 되다.

환자들의 안전을 위한 울타리 설치, 아이들의 자유로운 접근에 제한적

심리적인 울타리를 제공하여 시 열어주고, 아이들은 자유롭게 접근

세 별, 각기 다른 일상을 누리다.

휴식기 사랑하는 가족과, 평온한 여생을 보내다

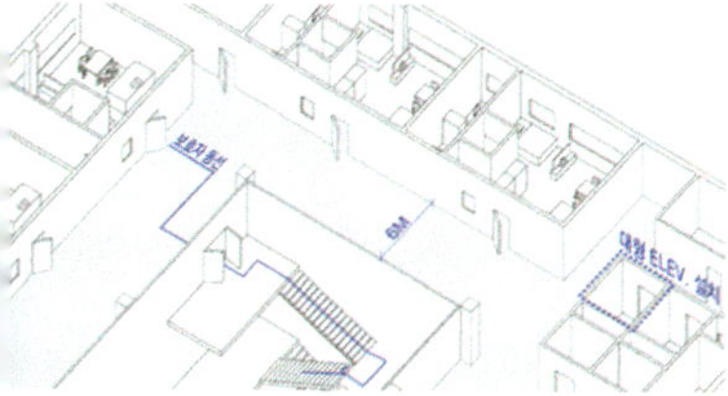

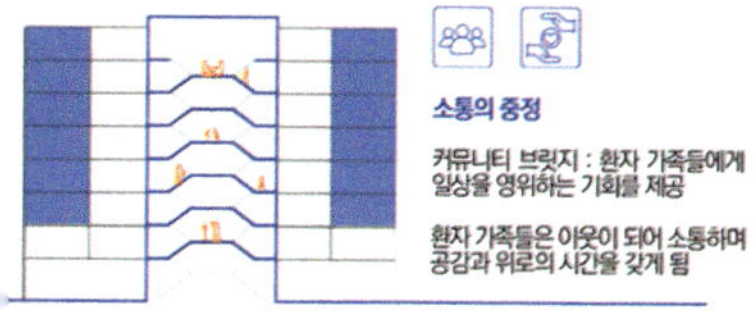

소통의 증정

커뮤니티 브릿지 : 환자 가족들에게 일상을 영위하는 기회를 제공

환자 가족들은 이웃이 되어 소통하며 공감과 위로의 시간을 갖게 됨

말기 나만의 공간에서 안정적인 하루를 보내다

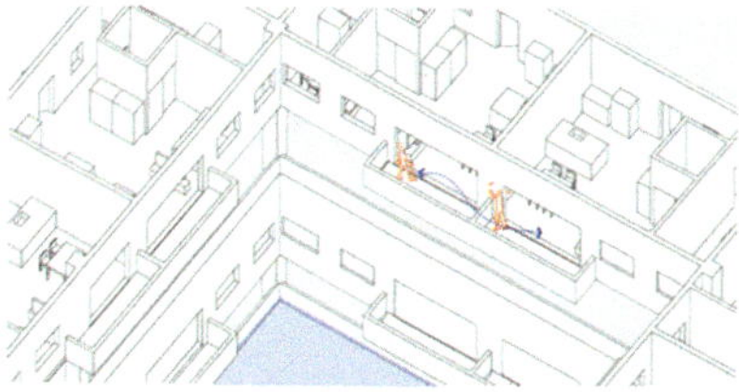

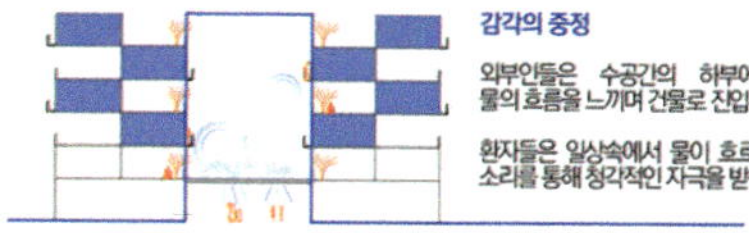

감각의 증정

외부인들은 수공간의 하부에서 물의 흐름을 느끼며 건물로 진입

환자들은 일상속에서 물이 흐르는 소리를 통해 청각적인 자극을 받음

중기 정신적, 신체적으로 건강한 하루를 보내다

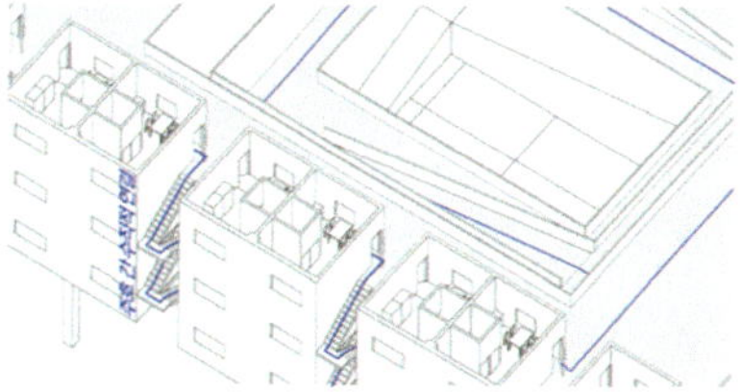

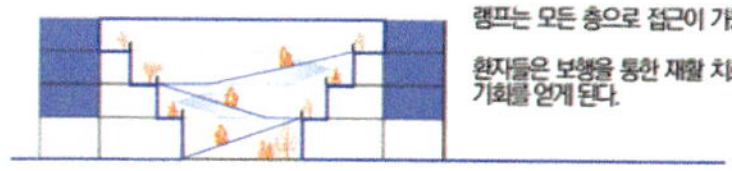

재활의 증정

램프는 모든 층으로 접근이 가능함

환자들은 보행을 통한 재활 치료의 기회를 얻게 된다.

초기 스스로 나만의 일상을 꾸려가며 활기찬 하루를 보내다

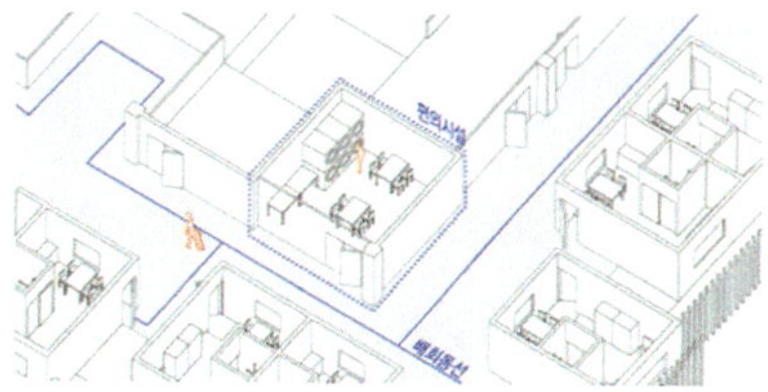

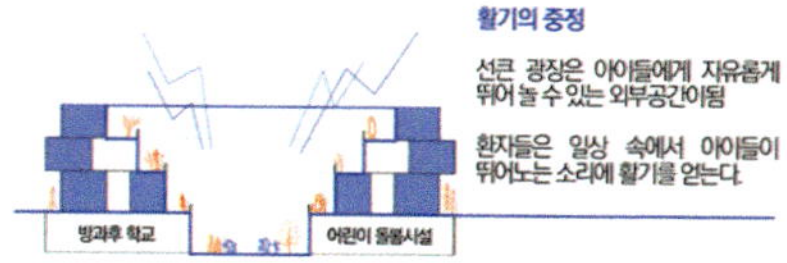

활기의 증정

선큰 광장은 아이들에게 자유롭게 뛰어 놀 수 있는 외부공간이됨

환자들은 일상 속에서 아이들이 뛰어노는 소리에 활기를 얻는다.

만의 공간에서 일상을 누리다.

활 방식에 따른주호 디자인 및 규모산정

중기

범위가 주호에 국한되어있지 않고 **외부에서 가능**. 주호 규모를 최소한으로 하되, 그들의 편안한 공간 디자인 필요

말기/휴식기

정신적, 신체적 한계로 인해 **활동범위가 주호로 좁혀짐**에 따라 그들의 일상을 유지하기 위한 **주호 규모 확대**, **보호자의 일상**을 지켜주기 위한 공간

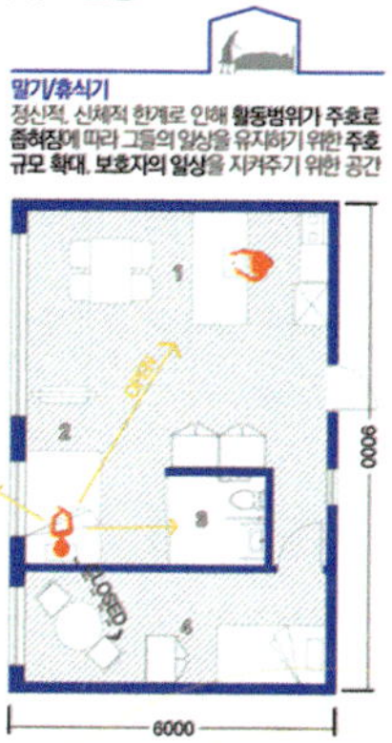

디이닝

인 화장실

가족, 요양사 휴식실

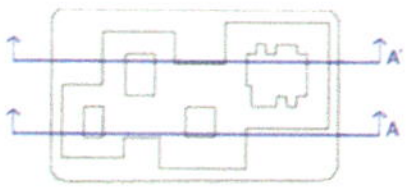

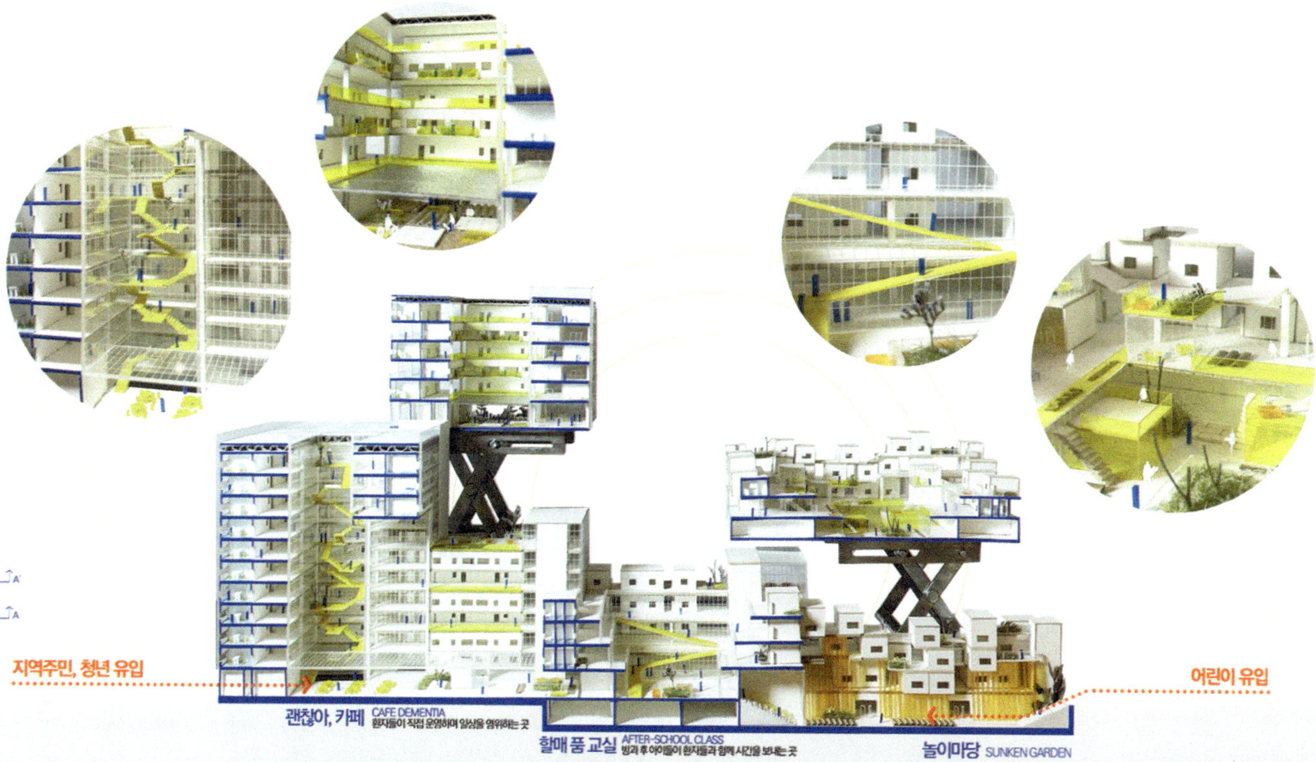

AIR LAYER : MARKET
- 전통시장 공간과 드론생태계의 공생

[울산대학교 건축학과 5학년 최 원 재]

지역의 큰 재산인 전통시장 상업공간은 펜더믹의 영향으로 쇠퇴와 소멸의 속도가 급격하게 빨라졌다. 전통시장의 쇠퇴한 공간구조를 현시대 흐름에 맞추어 활성화하기 위해 드론생태계를 적용한다. 드론배송은 언양시장을 중심으로 도시가 가지고 있는 도소매공간의 강화를 이끌어 낼 것이다. 드론생태계는 전통시장과 결합하여 좁고 비위생적인 상업구조를 더 높은 layer로 퍼뜨릴 수 있다.

[이재민 교수]

본 작품은 교통수단의 발전과 유통산업의 변화를 예측하여 건축과 도시공간에 미칠 영향을 건축적으로 해석하였다. 쇠퇴하는 전통시장에서 드론이라는 새로운 교통수단을 이용해 소비자와 상인을 직접 연결하여 시장의 활력을 증진시킬 수 있다는 가설을 세우고 울산광역시 언양시장에 적용하여 원거리 유통 드론 이착륙장, 유지관리 시설, 유통생산시설과 전통시장을 결합하는 hybrid infrastructure를 만들어냈다. 학생으로서 신선하고 상상력 넘치는 아이디어를 발전시켜 건축적으로 잘 표현해냈다.

AIR LAYER: MARKET

전통시장 공간과 드론생태계의 공생

펜더믹은 사람들의 생존에 위협을 주고 있다. 그 중에서 전통시장의 소상공인들이 상대적으로 많은 타격을 받았다. 그에 반해, 이커머스와 온라인 배달대행 업체와 같은 대형업체들과 관련된서비스를 통해서 수익을 내는 업종들은 오히려 매출이 증가하였다.전통시장이라는 공간은 해당 지역의 역사, 커뮤니티, 상업 등과 같은 많은 이야기를 품고 있다. 하지만 지역의 큰 재산인 전통시장 상업공간은 펜더믹의 영향으로 쇠퇴와 소멸의 속도가 급격하게 빨라졌다. 전통시장의 쇠퇴한 공간구조를 현시대 흐름에 맞추어 활성화하기 위해 드론생태계를 적용한다.

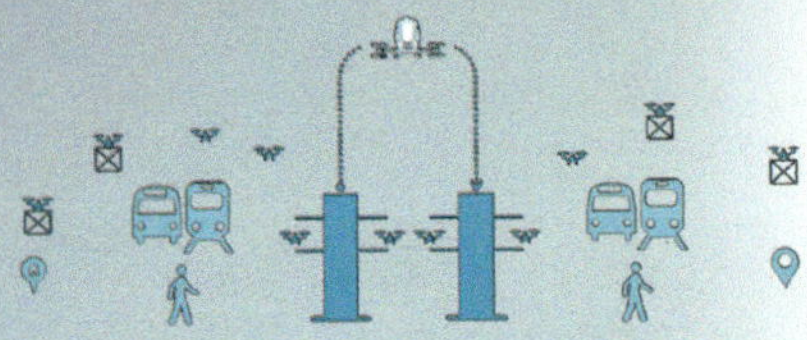

드론생태계는 전통시장과 결합하여 좁고 비위생적인 상업구조를 더 높은 layer로 퍼뜨릴 수 있다.
입체적으로 배치된 드론 결합 상업 공간들은 빠르게 변화하고 강한 네트워크를 가진 이커머스 또는 대형상업 공간에 대응 할 수 있는 경쟁력을 가질 수 있다.

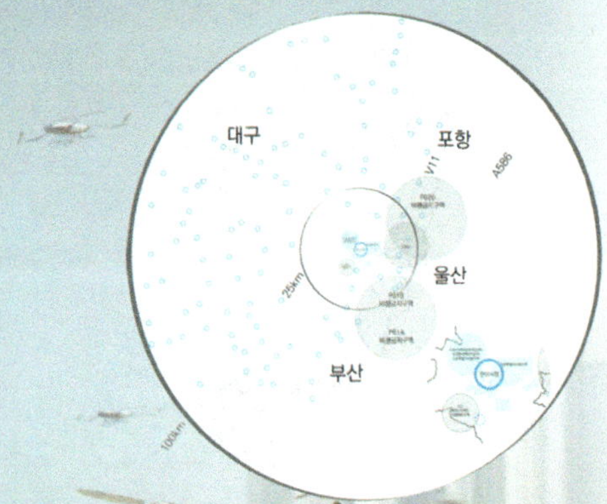

'드론특별자유화구역'와 같은 드론규제완화가 지역마다 이루어지고 있다.언양시장은 드론 생태계의 적용에 적합하여 시장과 드론생태계간의 융합 거점을 제시할 수 있는 장소이다. 언양시장의 드론택시(UAM)노선은 복합터미널의 기능 뿐만 아니라 인근 도시의 시장, 직판장과 같은 도소매 및 유통공간들의 네트워킹 활성화가 일어날 것이다. 그리고 드론배송은 전통시장을 중심으로 도시가 가지고 있는 도소매공간의 강화를 이끌어 낼 것이다.

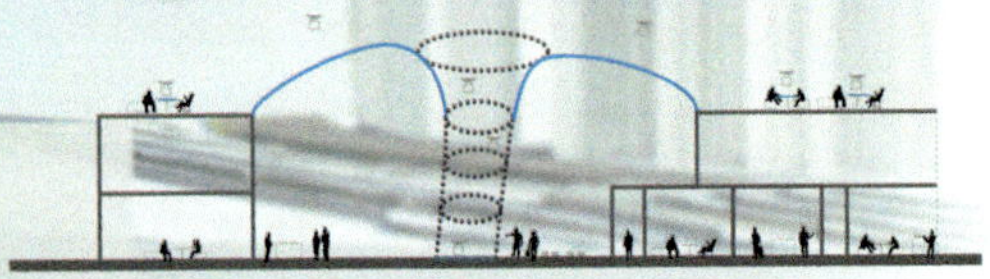

시장의 아케이드는 비나 강한 햇빛을 막아주기도 하지만 배송 드론들의 출입 및 이동 통로로 사용 할 수 있다.

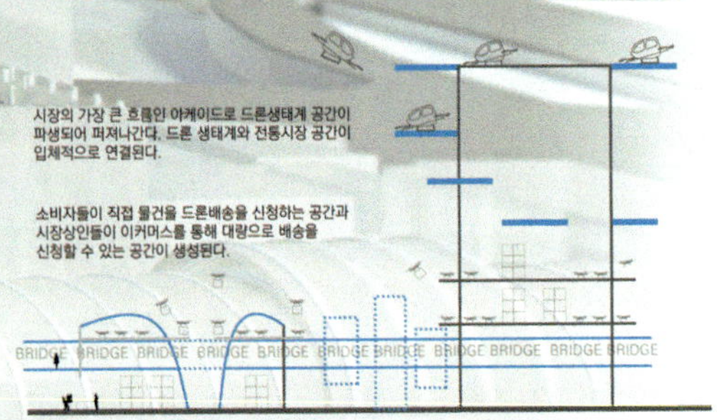

시장의 가장 큰 흐름인 아케이드로 드론생태계 공간이 파생되어 퍼져나간다. 드론 생태계와 전통시장 공간이 입체적으로 연결된다.

소비자들이 직접 물건을 드론배송을 신청하는 공간과 시장상인들이 이커머스를 통해 대량으로 배송을 신청할 수 있는 공간이 생성된다.

Concept

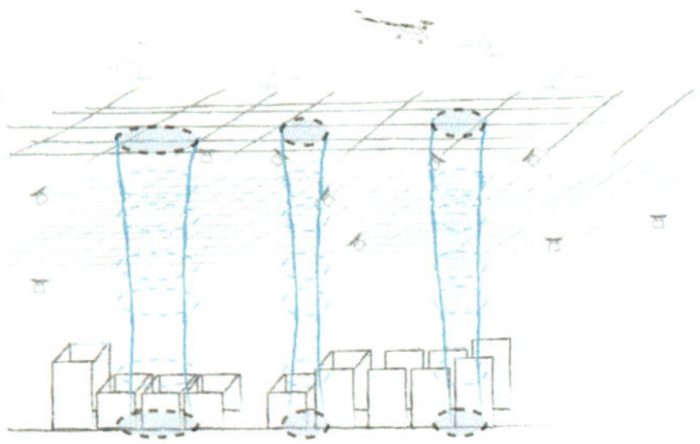

AIR Layer

고밀도, 부족한 휴게공간, 좁은 장터길로 인해 비위생적이고 낙후되어가는 시장공간에 입체적인 운송시스템을 적용시켜 언양시장에 새로운 장소를 제공한다.

AIR Cylinder

드론생태환경인 하늘과 시장이라는 땅을 투명한 Mega structure로 연결시켜주어 시장공간에 크고 쾌적한 상업공간들을 구축해준다.

Site planning process

시장의 맥락을 끌어들이고 OPEN SPACE 형성

주차종선 & 보행자 동선 계획

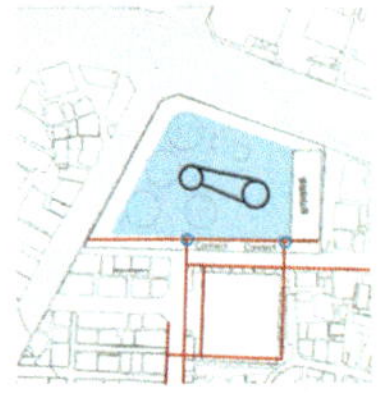

드론택시 착륙장과 로비배치 아케이드 하부 공중가로 형성

장터길 확장
Mega Srructure Cylinder 배치

대지 인근 수공간을 끌어들여 수공간 광장 형성
Market Cell광장형성

Market Cell과 Cylinder 공간들이 기존의 장터길 방향의 아케이드로 파생되어 드론 생태계와 연결

Program

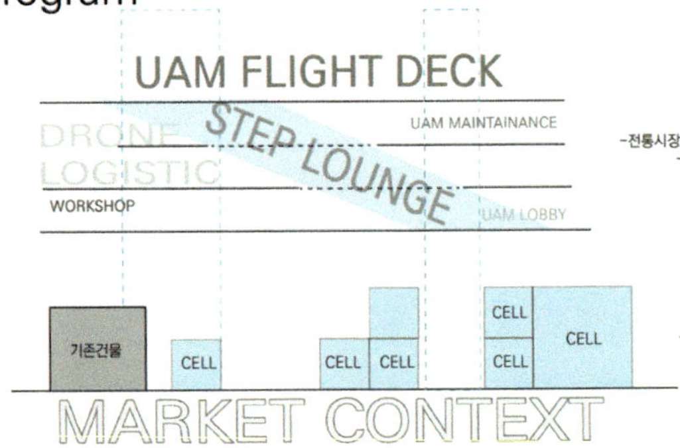

상층부 계획

-큰 필로티 공간을 구축
-전통시장의 상인회와 드론 전문가들의 커뮤니티 워크샵 공간 구축
-오피스, 드론유지보수, 드론택시, 드론배송창고, 로비 등

저층부 계획

-지상에 있는 시장의 맥락을 끌어들임
-대지 인근의 폐쇄적인 상업공간을 일부덜어냄 & 새로운 cell들과 조합
-상업공간들에 terrace 를 부여하여 개방감 부여

Mass process

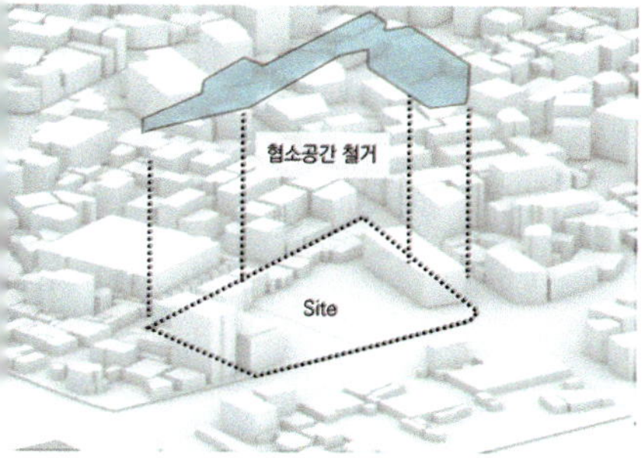

(구)시외버스터미널, 상가 일부 철거

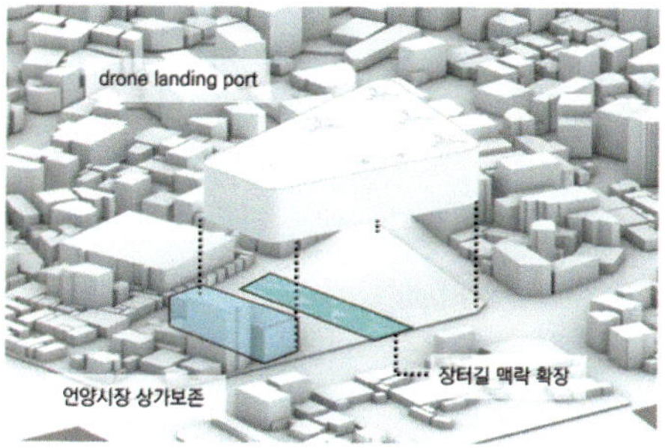

Air layer mass 형성

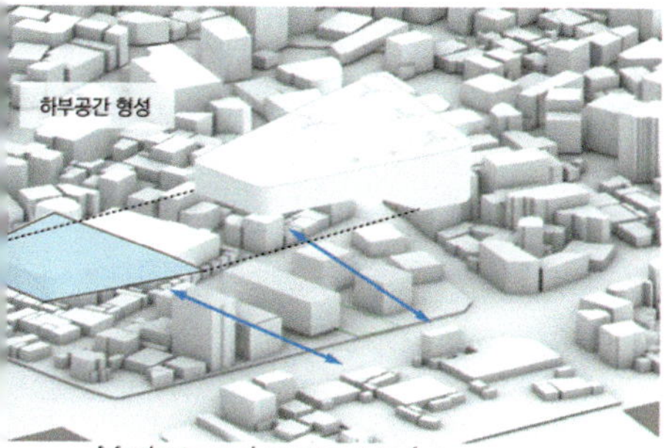

Market road context to Low layer mass

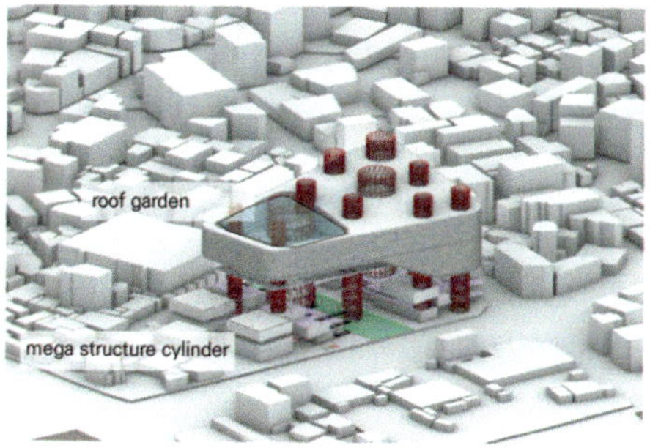

Roof garden & Mega structure cylinder
시장과 드론공간의 연결

Ground floor plan

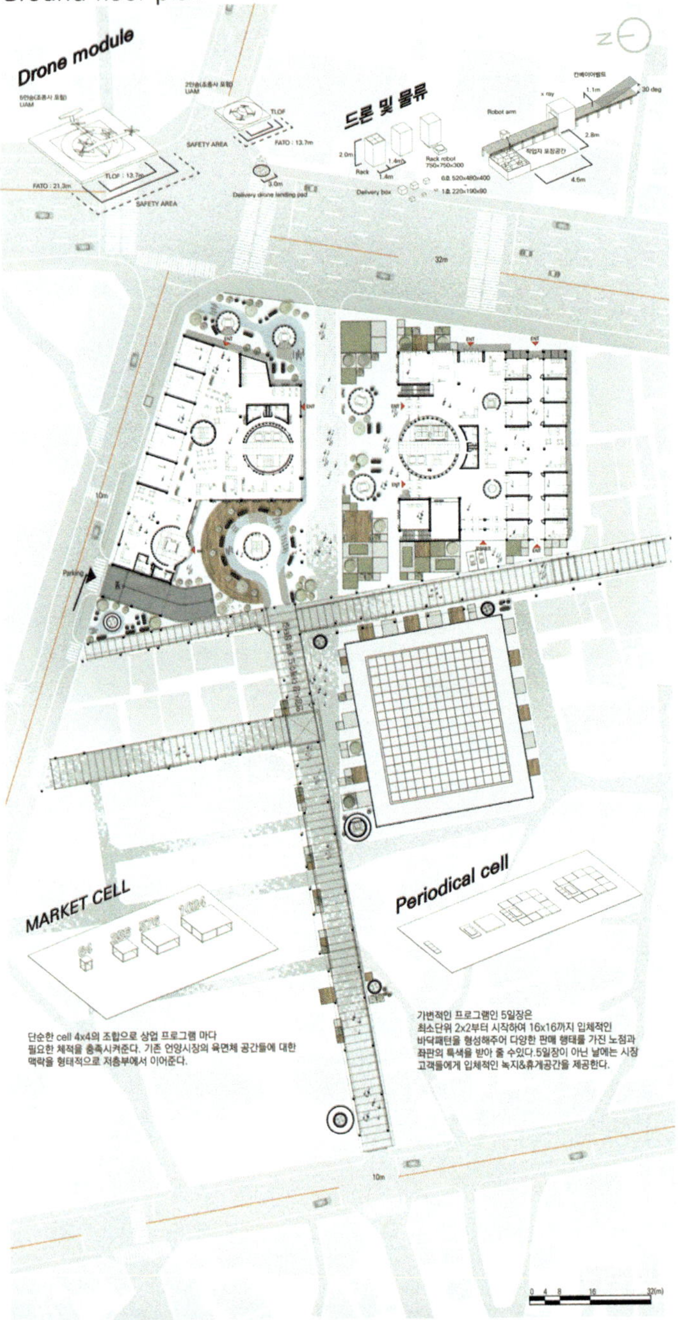

단순한 cell 4x4의 조합으로 상업 프로그램 마다 필요한 체적을 충족시켜준다. 기존 언양시장의 육면체 공간들에 대한 맥락을 형태적으로 저층부에서 이어준다.

가변적인 프로그램인 5일장은 최소단위 2x2부터 시작하여 16x16까지 입체적인 바닥패턴을 형성해주어 다양한 판매 행태를 가진 노점과 좌판의 특색을 받아 줄 수있다.5일장이 아닌 날에는 시장 고객들에게 입체적인 녹지&휴게공간을 제공한다.

Axonometric

RF

38.드론 택시 로비
39.드론택시(5인승) port
landing port-2
parking-1
macahnical paking-1

40.드론택시(2인승) port
landing & parking port

41.드론물류 수직 이륙관

8F
31.Drone roof garden
32.드론택시 정비소
33.기계식 드론 주차공간
34.드론택시 사무실
35.드론택시 직원 휴게실
36.드론물류 컨베이어 벨트
37.MEP

7F
25.Step lounge 2~3
26.드론배송 정비소
27.드론배송 사무실
28.드론배송 직원 휴게실
29.작업자 포장공간
30.Rack robot 충전패드

6F
19.Step lounge 2
20.드론 판매공간
21.드론 창업대여공간
22.Office
23.Office lounge
24.열린 회의실

5F
15. Step lounge 1
16. UAM 드론택시 로비
17. Cafe
18. 안내데스크

4F
14. Market garden

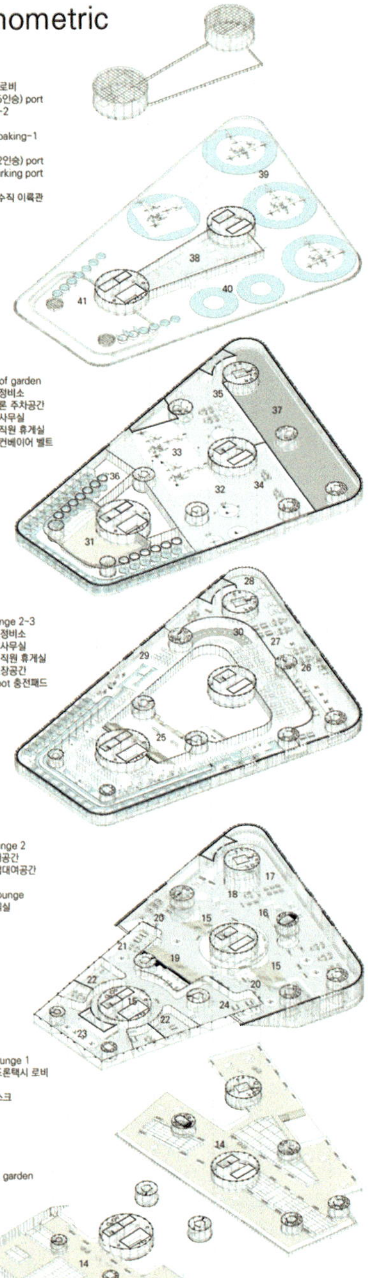

3F
Terrace market
11.테라스
12.시장갤러리

Street market
13.상인대학

2F
Terrace market
7.테라스
8.상업공간
9.시장갤러리

Street market
10.food street

1F
3.Small river square
4.상업공간
5.로딩데크
6.배송 신청공간

Basement
1.지하주차장
2.MEP

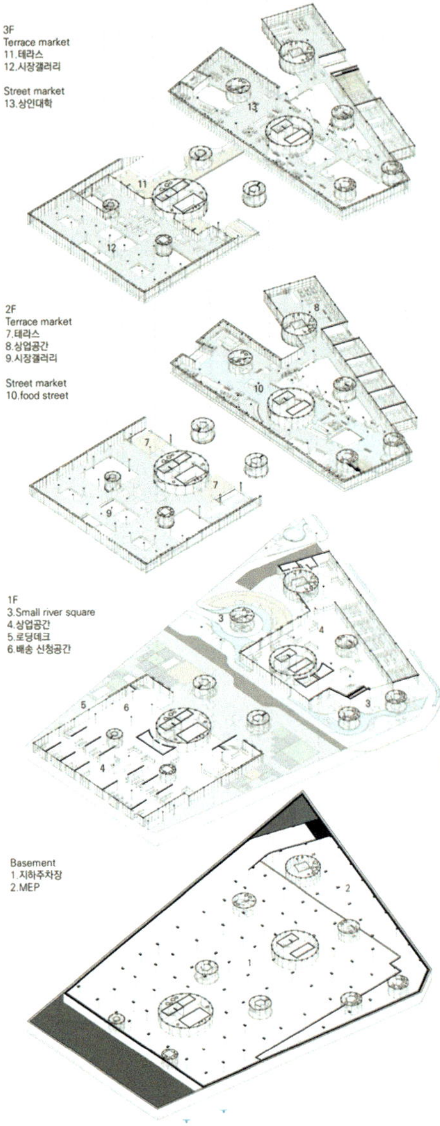

도면제공: www.kimoondang.com 에서 다운로드 받을 수 있습니다.

ation

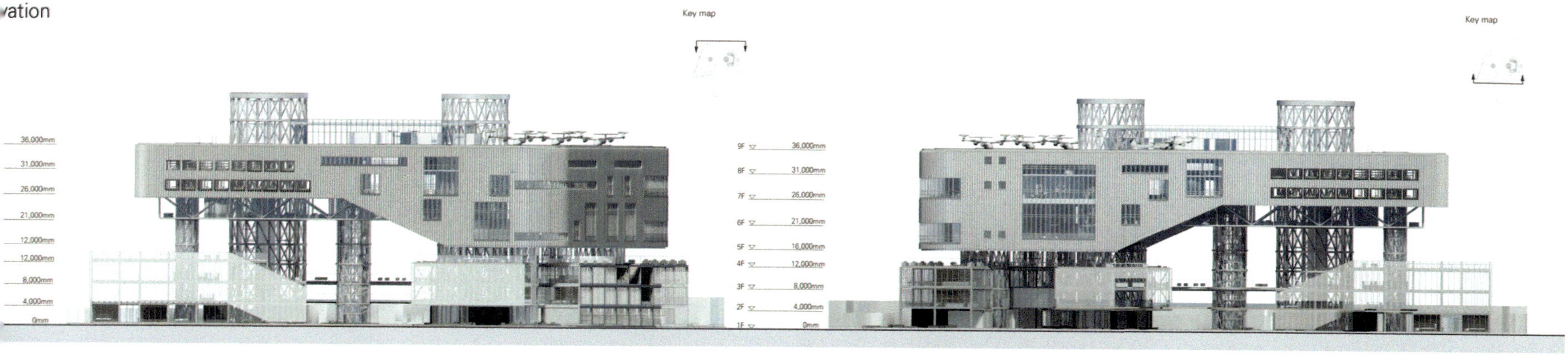

도면제공: www.kimoondang.com에서 다운로드 받을 수 있습니다.

n

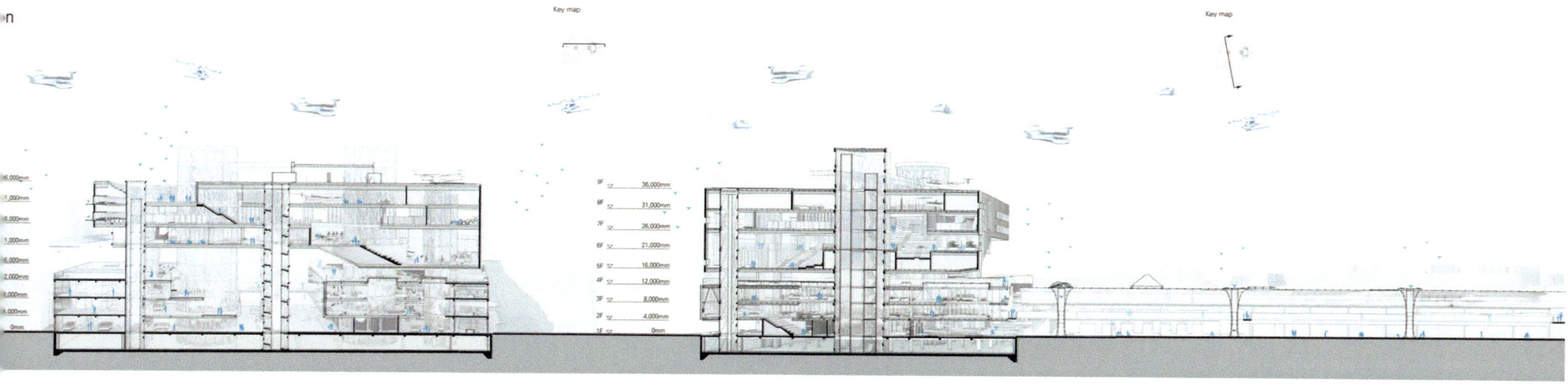

학생작품전분과위원회

위원장　이 경 선(홍익대학교 교수)
위　원　김 성 욱(아주대학교 교수)
김 소 라(서울시립대학교
남 정 민(고려대학교 교수)
박 지 영(인하대학교 교수)
염 상 훈(연세대학교 교수)
오 준 걸(서울과학기술대학교 교수)
원 정 연(고려대학교 교수)
유 다 은(이화여자대학교 교수)
황 세 원(중앙대학교 교수)

대한건축학회 학생작품전 2021 수상작품

펴 낸 날　2021년 11월 10일
주　　최　대한건축학회
주　　관　대한건축학회 건축대전위원회·학생작품전분과위원회
후　　원　문화체육관광부·도서출판 기 문 당
펴 낸 곳　도서출판 기 문 당
펴 낸 이　강 해 작
주　　소　04714 서울특별시 성동구 무학봉28길 4-1
전　　화　02-2295-6171~5
팩　　스　02-2296-8188
출판등록　1976. 10. 7(1-44)
홈페이지　www.kimoondang.com
I S B N　978-89-6225-929-2　93540
정　　가　10,000원

2017년 수상작품

[대 상]

99프로젝트 | 구로 차량사업소 리노베이션 |
강원대학교 도시건축학부 건축학전공 5학년 | 홍 지 원

B5/ 68페이지/ 정가 10,000원

[최우수상]

- Connecting Urban 3D Context | 장기미집행 도시계획시설 해소를 위한 복합문화 공원 계획안 | 남서울대학교 건축학과 5학년 | 김 병 준
- SPACING SPACE | 김해공항 국내선 개축안 | 경북대학교 건축학과 5학년 | 김 지 원
- 집이 집으로서의 의미 | 주거 영역의 확장으로 인해 사회적 역할을 하는 건축 | 한라대학교 건축학과 4학년 | 김 현 미
- Labyrinth of Fun_unpredictable learning centre | 재미의 미로: 예측할 수 없는 교육 센터 제안 | 명지대학교 건축학과 5학년 | 민 인 홍
- 감정도원(感情挑阮) | 감정을 돋우는 집 또는 정원 | 울산대학교 건축학과 5학년 | 백 준 영
- Culture, Park(ing) in the Observatory | 문화, 공원, 주차시설이 복합된 다목적 전망대 계획안 | 부산대학교 건축학과 5학년 | 이 과 영
- Alleys Reborn | 청주 성안동 남문밖 환상형 골목길 재생 | 청주대학교 건축학과 5학년 | 이 명 희
- 멋진 신세계(Brave New World) | 멜랑콜리의 아름다움(the beauty of melancholy) | 동아대학교 건축학과 5학년 | 이 상 훈
- Transition point | ; from city to nature | 경북대학교 건축학과 5학년 | 주 은 후

2018년 수상작품

[대 상]

7개의 골목, 3개의 마당 | 신당동 패션 클러스터 |
한국교통대학교 건축학부 건축학과 5학년 | 최 솔 이

B5/ 68페이지/ 정가 10,000원

[최우수상]

- Revival of Memories | 장충단 역사 추모 공원 | 아주대학교 건축학과 대학원 1학년 | 김 경 석
- 창조적 단절의 공간 | Daydream | 아주대학교 건축학과 5학년 | 김 경 열
- 사라지는 나주 | 잊혀지는 것들로써 회복 | 조선대학교 건축학전공 5학년 | 박 상 혁
- Pieces of Urban Tissue ; Daegu Bukseongro | 통섭적 개입에 의한 대구 북성로 근대건물군 재구성 | 배재대학교 건축학과 5학년 | 오 가 현
- Kangneung History and Culture Museum | 강릉 역사 문화 박물관 | 강원대학교 건축학과 5학년 | 용 소 영
- Lévitation for Récréation | 무질서로의 회귀 | 명지대학교 건축학부 건축학과 5학년 | 이 승 현
- L'Etranger (이방인) | 통영마을 아카이브 | 경북대학교 건축학과 5학년 | 정 석 범
- Post-Apartment | 충남대학교 건축학과 5학년 | 정 지 욱
- The B_Partment | The Space Between Us | 명지대학교 건축학과 5학년 | 한 예 지

2019년 수상작품

[대 상]

Strategy of Montage | 소록도 요양복합시설 |
숭실대학교 건축학부 건축학과 5학년 | 김 현 경

B5/ 68페이지/ 정가 10,000원

[최우수상]

- Urban Chimney | 한양대학교 건축학부 5학년 | 권 용 남
- 비일상의 관입 | Intrusion of Non-Daily | 서울과학기술대학교 건축학부 건축학전공 5학년 | 김 지 원
- 오래된 미래 | 창원대학교 건축학과 5학년 | 송 승 곤
- STAGE: EVERYWHERE | 서울시립대학교 건축학과 5학년 | 양 희 지
- Campus to:o City | 부산대학교 건축학과 5학년 | 윤 재 웅
- 만리 재래시장 증개축 계획안 | 명지대학교 건축학과 5학년 | 윤 재 훈
- Ant Library | 전남대학교 건축·도시설계 전공 5학년 | 최 진 석
- Urban Cosmetics | 도시에 반응하는 오피스에 대한 실험 | 서울시립대학교 건축학부 건축학전공 5학년 | 한 주 희

2020년 수상작품

[대 상]

Cloud of Pandemic | How to live with the virus |
건국대학교 건축학과 4학년 | 구 우 주

B5/ 70페이지/ 정가 10,000원

[최우수상]

- Parking Cloud | 성수동 자동차 복합문화시설 계획안 | 한국교통대학교 건축학부 건축학전공 5학년 | 강 석 민
- 꾸러미 스테어 ; 초등학교 통학구역 차별을 해결하기 위한 소통꾸러미 계단도서관 | Kkuruhmi Stair ; Communication Stairway Library to Solve Discrimination in Elementary School Areas | 강원대학교 건축학과 5학년 | 남 현 주
- Urban Archipelago | 소각장을 통한 자연과 주민, 생산과 시민의 연결 | 홍익대학교 건축학과 건축학전공 5학년 | 민 세 홍
- 주민 모두의 평생학교_ 은혜초등학교 리노베이션 | 호서대학교 건축학과 5학년 | 박 지 민
- Public-Heterogeneity | 공공적 이질성이 뿌리내린 새로운 환승거점 | 아주대학교 건축학부 건축학과 5학년 | 박 창 균
- 흑석동 창작연극 지원센터 | 홍익대학교 건축공학과 건축학전공 5학년 | 신 범
- OPEN DINING | 인천대학교 건축학과 대학원 2학년 | 유 성 윤
- PLAY OF TYPOLOGY | 서울과학기술대학교 건축학과 5학년 | 이 한 새
- 상도마을 고아원 | Sangdo nursery school | 아주대학교 건축학과 대학원 2학년 | 조 정 은